U0198525

中国城镇供热发展报告

2022

中国城镇供热协会　编著

中国建筑工业出版社

图书在版编目（CIP）数据

中国城镇供热发展报告. 2022 / 中国城镇供热协会
编著. —北京：中国建筑工业出版社，2023.7
ISBN 978-7-112-28806-9

Ⅰ.① 中… Ⅱ.① 中… Ⅲ.① 城市供热 - 研究报告 -
中国 - 2022 Ⅳ.① TU995

中国国家版本馆 CIP 数据核字（2023）第 100913 号

责任编辑：张文胜 杜 洁
责任校对：姜小莲

中国城镇供热发展报告2022

中国城镇供热协会 编著

*

中国建筑工业出版社出版、发行（北京海淀三里河路9号）
各地新华书店、建筑书店经销
北京科地亚盟排版公司制版
北京富诚彩色印刷有限公司印刷

*

开本：850毫米×1168毫米 1/32 印张：9¼ 字数：176千字
2023 年 7 月第一版 2023 年 7 月第一次印刷
定价：**80.00**元
ISBN 978-7-112-28806-9
（41137）

版权所有 翻印必究
如有内容及印装质量问题，请联系本社读者服务中心退换
电话：（010）58337283 QQ：924419132
（地址：北京海淀三里河路9号中国建筑工业出版社604室 邮政编码：100037）

编委会

指导委员会

江 亿　刘水洋　赵泽生　刘 荣

编写委员会

主　　　　任：江 亿
副　主　任：刘 荣　牛小化　夏建军
主要编写人员：牛小化　王与娟　夏建军　刘海燕
　　　　　　　　陈慧敏　魏江辉

参 编 单 位

郑州热力集团有限公司
哈尔滨哈投投资股份有限公司供热公司
锦州热力（集团）有限公司
吉林省春城热力股份有限公司
乌鲁木齐华源热力股份有限公司
齐齐哈尔阳光热力集团有限责任公司

赤峰富龙热力有限责任公司

承德热力集团有限责任公司

天津能源投资集团有限公司

包头市热力（集团）有限责任公司

太原市热力集团有限责任公司

泰安市泰山城区热力有限公司

牡丹江热电有限公司

北京市热力集团有限责任公司

鸣 谢 单 位

特别鸣谢参加中国城镇供热协会 2020-2021 年供暖期统计工作的 122 家企业：

北京市（14家）

北京市热力集团有限责任公司

北京京能热力股份有限公司

北京博大开拓热力有限公司

北京京能热力发展有限公司

北京北燃供热有限公司

北京北燃热力有限公司

北京新城热力有限公司

北京纵横三北热力科技有限公司

北京金房暖通节能技术股份有限公司

北京高科能源供应管理有限公司

北京科利源热电有限公司

北京北方供热服务有限公司

北京实创能源管理有限公司

龙基能源集团有限公司

天津市（3家）

天津能源投资集团有限公司

盾安（天津）节能系统有限公司

天津泰达津联热电有限公司

河北省（19家）

石家庄华电供热集团有限公司

国家电投集团东方新能源股份有限公司热力分公司

建投河北热力有限公司

承德热力集团有限责任公司

唐山市热力集团有限公司

唐山市丰南区鑫丰热力有限公司

唐山曹妃甸热力有限公司

中电洲际环保科技发展有限公司

三河新源供热有限公司

廊坊市广达供热有限公司

秦皇岛市热力有限责任公司

秦皇岛市富阳热力有限责任公司

河北邢襄热力集团有限公司

河北昊天热力发展有限公司

沧州热力有限公司

中环寰慧（沙河）节能热力有限公司

中环寰慧（南宫）节能热力有限公司

中电寰慧张家口热力有限公司

安新县寰慧凯盛热力有限公司

黑龙江省（10家）

哈尔滨哈投投资股份有限公司供热公司

捷能热力电站有限公司

大庆市热力集团有限公司

齐齐哈尔阳光热力集团有限责任公司

牡丹江热电有限公司

威立雅（佳木斯）城市供热有限公司

鸡西市热力有限公司

宝石花热力有限公司

大唐黑龙江发电有限公司

鹤岗市热力公司

吉林省（7家）

吉林省春城热力股份有限公司

长春市供热（集团）有限公司

长春经济技术开发区供热集团有限公司

吉林市热力集团有限公司

吉林阳光能源开发建设有限公司

中节能吉林供热服务有限公司

辽源市热力集团有限公司

辽宁省（10家）

沈阳惠天热电股份有限公司

国家电投集团东北电力有限公司大连大发能源分公司

国家电投集团东北电力有限公司大连开热分公司

大连裕丰供热集团有限责任公司

锦州热力（集团）有限公司

营口热电集团有限公司

辽宁华兴热电集团有限公司

阜新市热力有限公司

抚顺市热力有限公司

北控清洁热力有限公司

内蒙古自治区（5家）

呼和浩特市城发供热有限责任公司

呼和浩特富泰热力股份有限公司

赤峰富龙热力有限责任公司

包头市热力（集团）有限责任公司

包头市华融热力有限责任公司

山西省（7家）

太原市热力集团有限责任公司

中环寰慧（河津）节能热力有限公司

中环寰慧（垣曲）节能热力有限公司

阳泉市热力有限责任公司

京能大同热力有限公司

长治市城镇热力有限公司

山西康庄热力有限公司

山东省（17家）

济南热力集团有限公司

济南热电有限公司

淄博市热力集团有限责任公司

青岛能源热电有限公司

泰安市泰山城区热力有限公司

烟台经济技术开发区热力有限公司

烟台东昌供热有限责任公司

青岛西海岸公用事业集团能源供热有限公司

枣庄市热力总公司

济南和盛热力有限公司

青岛顺安热电有限公司

邹城恒益热力有限公司

临沂市新城热力集团有限公司

威海热电集团有限公司

菏泽吉源热力有限公司

中环寰慧（蒙阴）节能热力有限公司

中环寰慧（德州）节能热力有限公司

陕西省（3家）

西安市热力集团有限责任公司

西安瑞行城市热力发展集团有限公司

中环寰慧（澄城）节能热力有限公司

甘肃省（8家）

兰州热力集团有限公司

天水市供热有限公司

武威市城区集中供热有限公司

中环寰慧（酒泉）节能热力有限公司

甘肃红太阳热力有限公司

中环寰慧（张掖）节能热力有限公司

中环寰慧（景泰）节能热力有限公司

中环寰慧科技集团股份有限公司

宁夏回族自治区（2家）

宁夏电投热力有限公司

中环寰慧（吴忠）节能热力有限公司

新疆维吾尔自治区（5家）

乌鲁木齐热力（集团）有限公司

新疆广汇热力有限公司

乌鲁木齐华源热力股份有限公司

新疆和融热力有限公司

库尔勒新隆热力有限责任公司

新疆生产建设兵团（1家）

新疆天富能源股份有限公司供热分公司

河南省（8家）

郑州热力集团有限公司

安阳益和热力有限责任公司

洛阳热力有限公司

法电（三门峡）城市供热有限公司

偃师市寰慧节能热力有限公司

民权县新源热力有限公司

中环寰慧（焦作）节能热力有限公司

中环寰慧（博爱）节能热力有限公司

安徽省（2家）

合肥热电集团有限公司

中环寰慧（宿州）节能热力有限公司

贵州省（1家）

贵州鸿巨燃气热力工程有限公司

建筑冬季供热是关乎百姓生活的民生大事。然而仅北方城镇建筑供热的用能就占到全国建筑运行用能总量的约 1/4，占到全国能源总量的约 5%；所导致的碳排放也占到全国碳排放总量的约 6%。另外，目前冬季建筑供热大量使用化石能源，造成大量大气污染物排放是冬季 $PM_{2.5}$ 超标和出现雾霾现象的主要原因之一。这样，如何保障冬季的建筑供热以保民生；如何实现供热的节能、减排和清洁，以实现可持续发展，成为城市绿色发展必须面对的重大问题之一，也一直是各级政府、相关企业和城市居民关注的热点问题。我国提出"双碳"目标，建筑的零碳供热成为我国低碳发展所必须面对的重大挑战之一。我国有近万个国有和民营的供热企业，有几十万在建筑供热第一线工作的职工队伍。建筑供热事业的发展和进步是这支队伍奋斗的结果；供热领域的任何变化又与这些职工的工作、生活息息相关。提高供热的服务水平，实现供热的节能降耗、低碳和清洁，是这支队伍多年来为之奋斗的目标，直接联系着这几十万供热人的苦乐兴衰。

作为实现建筑供热行业健康发展的基础，是对现实状况的深入了解和认识，这需要建立在全面的定量化统计和分析基础之上。长期以来，供热行业一直缺少全面的定量统计数据，相关决策只能建立在对行业的定性认识和少量案例分析的基础上。而缺乏反映行业基本状况的数据，也使得各个供热企业只能是"粗放管理"，无法对其经营状况做出科学诊断，从而也就很难通过管理和技术上的改进，使企业不断发展进步。出于对此的认识，中国城镇供热协会把全国供热行业的基础数据统计作为关乎全行业发展的大事来抓。从 2017 年开始，成立了专门的工作班子，并联系全国各个供热企业，开始建设覆盖全行业的供热行业统计系统。在各个供热企业的大力支持和积极配合下，逐渐建立了可准确反映供热行业实际运行和经营状况的统计体系，也形成了由各个供热企业统计人员组成的统计队伍。2018 年第一次在供热行业内部发布了统计结果，并相继发布了 5 次全国供热统计分析报告。本书是在这些工作的基础上，首次成书，并向全社会公开发表。这是供热行业的一件大事，2022 年首次出版标志着这一行业从基本定性管理迈向定量化这一重大转变的开始，标志着我国供热行业管理和技术重大飞跃的起步。

我国拥有世界最大的城镇集中供热系统，北方地区集中供热总规模也居世界首位，并遥遥领先于世界第二。近年来在国家清洁供热和改善民生的战略布局推动下，全行业供热人开创性工作，在清洁热源替换以降低排放、优化运行参数以提高用能效率、利用信息技术以实现智慧供热等各方面都取得了突出成果，很多技术成果实际上已经位于世界同行业的领先水平。

然而，缺乏全行业系统的统计数据，企业运行管理和技术分析还不能实现完全的定量化，成为全行业长期的诟病。每年供热统计报告的完成和出版标志着我国供热行业在定量化管理上的重大突破，同时也是我国集中供热技术和管理水平整体上进入世界前列的标志。

供热行业各项定量化指标的建立，全行业以这些指标体系为基础的统计数据的完成，使每个供热企业的运行管理和技术分析都有了可对照的标准，都可以清楚了解自身的水平，存在的差距，以及经过努力可能达到的目标。这样，供热行业定量化指标体系的建立和其对应数值的发布，为供热企业实现精细化定量管理打通了技术障碍，提供了实施操作基础。这是对供热行业技术进步的重大贡献。

这一成果的取得，是中国城镇供热协会统计工作小组全体成员辛勤努力和开创性工作的成果，也是参与统计工作的全国各个供热企业统计人员克服困难、积极配合的结果，更是全行业供热人鼎力支持、以大局为重，协调一致所取得的成就。没有坚忍不拔的工作精神、没有科学严谨的工作态度、没有全行业的相互协同，这项任务不可能实现。感谢统计小组的成员，感谢在各个供热企业为此做出贡献的每一位统计员，也感谢支持帮助和领导统计工作的各位供热企业领导，真心地感谢！

希望这一工作能够持之以恒，开头难，持续下去更难。但只有长期坚持下去，才能使其真正产生前面所列出的这些重大效果。维护目前的统计规模，并不断扩充新的供热企业进入统计范围，把本报告涵盖的供热企业和供热面积从目前的不足40%，逐渐增加到70%，这样就使其能够真正全面反映我国供热行业状况，也可使更多的企业通过对标实现精细化管理，真正实现我国供热行业的大进步。

也希望各个供热企业的领导和同仁对这一统计工作给予更多的关注和支持。理解统计人员的辛苦，认识科学统计可以给企业带来的进步和收益，给统计人员和统计工作更多的帮助和支持。

当然更希望全社会关注这本报告。建筑供热是涉及全社会的民生大事，又是节能减排低碳发展的重要"战场"。希望社会各界通过这本报告给出的数据更了解供热行业，也更理解供热人的喜怒哀乐。只有得到全社会的理解、帮助和支持，才能更好地把供热行业做好，才能更好地为全社会做好服务。

期盼着明年的统计报告，更期盼报告中反映出整个行业全面进步的数据，那是我们几十万供热人奋斗的结果。

于清华大学节能楼

2023 年 3 月

中国供热发展至今已有六十多年历史，在各级政府及供热行业相关部门、单位的不断努力下，整个行业经历了从无到有、从小到大、从弱到强的历史过程，在节能减排、保障民生、安全运营等方面取得突出成就。截至 2021 年，我国北方地区清洁取暖面积已达到 162 亿 m^2，城市集中供热管网覆盖率和供热面积规模居世界第一。但是，由于我国冬季供暖区域辽阔，地理气候条件不同、供热系统建设年代不同、管网敷设方式多种多样等原因使得供热管网系统的复杂性世界第一；又由于各区域经济水平和能源禀赋不同，供热系统的技术标准、能效质量状况和经营管理水平参差不齐，在"碳达峰、碳中和"的背景下，供热行业的发展将面临新的挑战。为了全面深入了解本行业发展现状，进一步摸清企业技术水平及经营状况，研究行业存在的问题，为政府出台引导行业健康快速发展的政策提供支撑，为广大从业单位、会员单位及用户提供咨询服务，中国城镇供热协会（以下简称"协会"）于 2017 年开展了首次行业统计工作。协会通过多种渠道，初步摸清了行业底数，并于 2021 年发布了首份行业报告《中国城镇供热发展报告2021》，在业内获得了极大反响。

此次出版的第二本《中国城镇供热发展报告 2022》如期

而至。全书共 6 章，重点内容仍然是综合了 2020—2021 供暖期 122 家供热企业、近 40 亿 m² 供热面积、200 多个统计指标、3 万多条统计数据形成的分析报告。与去年相比，本年度的报告新增了"第 2 章 城镇供热行业年度相关政策"，同时结合供热行业发展形势和年度统计工作重点在其他章节有所补充，新增对北方地区清洁取暖成就、既有建筑节能改造成就的介绍，新增行业碳排放数据、按区域对供热企业成本构成的解剖，对行业近五年来能耗数据变化情况、"延长供暖期""空置率""燃料价格上涨"等行业热点问题进行了分析，对行业重要信息指标统计工作提出了思考和建议。

自 2017 年国家发展改革委、住房和城乡建设部、财政部等十部委联合印发《北方地区冬季清洁取暖规划（2017—2021年）》以来，北方地区"清洁取暖"工作已经开展了 5 年，有力改善了我国北方地区冬季城乡供暖的状况，对北方地区大气污染治理做出了重要的贡献。根据上述情况，本书第 1 章除继续聚焦供热行业发展情况外，还介绍了北方地区清洁取暖工作成就，建筑节能状况特别是既有建筑节能改造的情况，供热能源消耗总量和强度以及供热碳排放的数据。2021 年是"十四五"开局之年，中央和各级政府部门发布了诸多与供热行业相关的政策文件，因此报告的第 2 章对城镇供热行业相关政策进行了梳理，重点关注碳达峰碳中和、"十四五"工作规划、能源转型与高质量发展、行业监督与管理、供热设施更新改造及加强城镇供热采暖运行保障工作等内容。

从 2017 年协会面向供热企业会员开展统计工作至今，参加统计的供热企业数量由 2017 年的 35 家增加到 2021 年的 122 家，统计供热面积相应由 14.4 亿 m^2 增加到 38.4 亿 m^2，占所在城市总供热面积的 56%，占 2020 年全国城市集中供热面积的 39%。本书第 3 章主要展示 2020—2021 供暖期统计数据，主要包括企业基础信息（所有制构成、从业人数、供热面积等）、供热系统基础数据（热源构成、管网及老旧管网长度、热力站数量及无人值守占比、公建居民热用户占比及建筑节能状况等）、供热经营基础数据（各地供热价格、燃料价格等）、供热运行基础数据（供热时间、供热室温等）、重要经营指标（人均供热面积、热费收入、供热成本、成本构成等）、供热能耗指标水平（热源能耗、热力站热耗电耗、热网回水温度等）。第 4 章选取人均供热面积、热源效率、工业余热供热能力、管网热量输送效率、热源折算单位面积耗热量、热力站单位面积耗电量和单位面积补水量等 10 项指标进行行业排名，经过客观的数据分析计算，根据得分值公布了前 30 家供热行业能效领跑者名单。特别说明的是，2022 年首次开展了行业"标杆热力站"的评选，各地区共有 22 个热力站入选。

本书第 5 章介绍了 2017—2021 年企业管理效率统计指标、经营统计指标、能耗统计指标的五年变化，提出了住房空置率与收费、延长供暖时间和提高室温对能耗的影响、热网失水量对能耗的影响、燃料价格上涨加剧供热价格倒挂等几个值得行业关注问题的分析，增加了构建供热行业重要信息管理指标体系的建议。第 6 章分享了来自 14 家 2020—2021 年度能效领跑优秀企业案例，包括如何提高管理水平促进节能增效，如何降低源、网、站能耗指标的具体经验，供同行学习和参考。

本书是协会统计工作项目组共同的劳动成果，报告中的每一个数据都离不开参与统计工作的供热企业的支持和统计员的付出，同时也感谢各家企业提供的优秀案例。自 2017 年协会统计工作启动以来得到了江亿院士的大力支持和指导，并纳入协会技术委员会年度工作内容，得到了各位专家的支持和帮助，在此表示衷心的感谢！

协会的统计工作将一如既往地开展下去，不断扩大统计规模、提高统计效率、提升分析水平、服务行业发展是我们不变的初心。欢迎更多的供热单位加入协会统计工作，持续扩大行业统计企业数量和供热面积，使我们的报告能更加全面客观地反映我国供热行业状况，数据更加具有参考价值，更好地为全行业、全社会服务。

欢迎广大行业同仁对本报告提出宝贵意见！

中国城镇供热协会统计工作项目组

2023 年 3 月

目录

第 **1** 章

城镇供热行业概况

1.1 北方地区清洁取暖工作成就

　　2017 年，国家发展改革委、住房和城乡建设部、财政部等十部门印发了《北方地区冬季清洁取暖规划（2017—2021年）》，提出到 2021 年年底，北方地区清洁取暖率达到 70%，替代散烧煤（含低效小锅炉用煤）1.5 亿 t，供热系统平均综合能耗降低至 15kgce/m^2 以下。

　　"十三五"时期，我国将北方地区冬季清洁取暖作为重大民生工程、民心工程大力推进。2017 年以来，分三批确定了43 个城市为清洁取暖试点城市，并安排中央财政资金对试点城市给予支持，根据《关于开展中央财政支持北方地区冬季清洁取暖试点工作的通知》（财建〔2017〕238 号）、《关于扩大中央财政支持北方地区冬季清洁取暖城市试点的通知》（财建〔2018〕397 号），中央财政对试点城市进行奖补。2017—2020年，中央财政累计下达清洁取暖试点奖补资金 493 亿元[1]，见表 1-1。截至 2021 年 4 月，前三批 43 个试点城市完成清洁取暖改造 40 亿 m²、3590 余万户；改造主要集中在县城和农村地区，43 个城市在县城和农村地区合计完成清洁取暖改造 30 亿 m²、2720 万户，占总改造面积和总改造户数的 75% 左右；完成建筑节能改造 2.7 亿 m²、310 余万户。

2017—2020 年清洁取暖试点奖补资金
下达情况（单位：亿元）　　　　　表 1-1

省（市）	2017 年	2018 年	2019 年	2020 年	合计
天津	8	8	8	6	30
河北	22	37.6	39.2	33.4	132.2
山西	6	27.2	27.2	25.4	85.8
山东	6	29.6	29.6	33.8	99
河南	18	32	35.2	30.4	115.6
陕西	0	4.8	12.8	12.8	30.4
合计	60	139.2	152	141.8	493

通过清洁取暖改造，城市尤其是县城和农村地区的清洁取暖率提升显著。截至 2021 年 4 月，43 个试点城市城区清洁取暖率平均提升了 17.61%，城乡接合部、所辖县及农村地区清洁取暖率平均提升了 55.56%。其中，第一批 12 个试点城市城区清洁取暖率由平均 83.70% 提升到了 100%；城乡接合部、所辖县及农村地区清洁取暖率由平均 32.84% 提升到了 88.95%。第二批 23 个试点城市城区清洁取暖率由平均 85.38% 提升到 100%；城乡接合部、所辖县及农村地区清洁

取暖率由平均 42.79% 提升到 95.18%。第三批 8 个试点城市截至 2021 年 4 月尚未结束示范，城区清洁取暖率由平均 67.46% 提升到了 95.72%；城乡接合部、所辖县及农村地区清洁取暖率由平均 33.84% 提升到 97.57%。

截至 2020 年年底，我国北方城镇供热面积 156 亿 m^2，建筑节能煤耗 2.14 亿 tce，CO_2 排放量 5.5 亿 t，供热单位建筑面积平均能耗 13.7kgce/m^2[①]。2022 年 7 月 27 日，国务院新闻办公室召开"加快建设能源强国　全力保障能源安全"新闻发布会，宣布"十三五"末北方地区清洁取暖提前完成了清洁取暖规划的目标，清洁取暖面积达到 156 亿 m^2，清洁取暖率达到 73.6%，替代散煤 1.5 亿 t 以上。

1.2　行业发展情况

1.2.1　集中供热面积

根据《中国城乡建设统计年鉴（2021）》的数据，近十年我国集中供热面积增长迅速，年均增长率约 9%。2021 年，我国城镇集中供热面积约 130 亿 m^2，其中城市集中供热面积约 106.0 亿 m^2，占比 81.4%；县城集中供热面积约 19.5 亿 m^2，占比 15.2%（图 1-1）。城市集中供热在我国北方集中供热中占主体地位。

---

① 数据来源：《中国建筑节能年度发展研究报告 2022》。

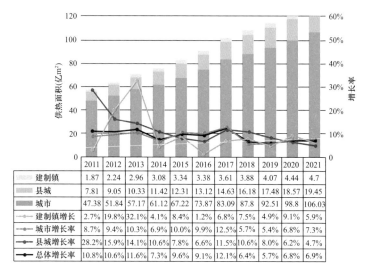

图 1-1　我国 2011—2021 年供热面积统计

　　参考清华大学建筑节能研究中心的《中国建筑节能年度发展研究报告 2022》，在统计年鉴中给出的集中供热面积的基础上考虑非经营性集中供暖面积修正，据估算：截至 2020 年年底，北方集中供暖的面积约为 137.8 亿 m^2，集中供暖率为88.2%。在城镇集中供暖中，居住建筑面积占比为 77.7%，公共建筑面积占比为 22.3%。

　　全国共有 318 个城市采用集中供热方式，其中山东省的供热面积最大，占比达到全国集中供热面积的 16%，辽宁省、河北省、黑龙江省、山西省、吉林省、北京市和内蒙古自治区供热面积跻身前八强。上述八个地区的供暖面积总和占比达到了 74%，行业集中度较高。

1.2.2　集中供热能力

2011—2021 年，全国集中供热能力年均增长率为 5.6%，2021 年达到 84.9 万 MW，较 2020 年增加了 4.8%。2021 年热水供热能力和蒸汽供热能力占比分别为 89% 和 11%，近 10 年供热能力年均增长率分别为 6.0% 和 3.2%。2011—2021 年，城市、县城供热能力年均增长率分别为 5.4% 和 6.5%，2021 年城市和县城供热能力分别较 2020 年增加 5.9% 和 0.8%（图 1-2、图 1-3）。

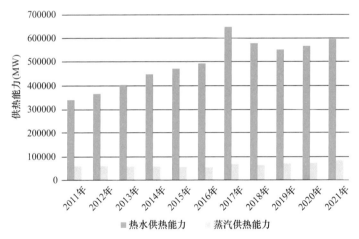

图 1-2　我国 2011—2021 年城市集中供热热源供热能力

1.2.3　供热热源

北方供暖系统使用的能源种类主要包括燃煤、燃气和电力。按热源系统形式及规模分类，可分为大中规模燃煤热电联产、大中规模燃气热电联产、小规模燃煤热电联产、小规模燃

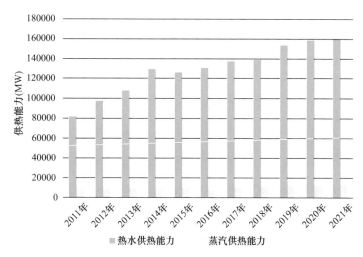

图 1-3　我国 2011—2021 年县城集中供热热源供热能力

气热电联产、大型燃煤锅炉、大型燃气锅炉、区域燃煤锅炉、区域燃气锅炉、热泵集中供暖、核电及工业余热等集中供暖方式，以及户式燃气炉、户式燃煤炉、空调热泵分散供暖和直接电加热等分户供暖方式。

根据清华大学建筑节能研究中心的调研数据分析，截至2020 年年底，北方城镇供暖热源结构仍以燃煤热电联产为主，燃煤热电联产和燃煤锅炉房供暖面积比例为 69.6%，燃气供暖面积比例为 19.6%，其他非煤非燃气热源占比 10.8%（图 1-4）。

近年来高效热电联产的比例稳步提高，逐步替代锅炉。2013 年、2016 年和 2020 年三次城镇供热调研结果显示，北方城镇地区供热热源中热电联产的比例分别为 42%、48% 和55%。燃气锅炉取代燃煤锅炉，从 2013 年到 2020 年燃煤锅炉

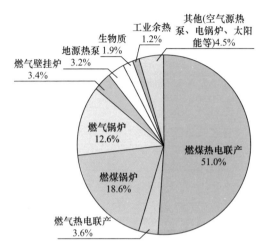

图 1-4　北方城镇地区供热热源结构（截至 2020 年年底）

的占比从 42% 降低到 18.6%，而燃气锅炉的比例从 12% 增加到 12.6%（图 1-5）。与此同时，各类新型热源不断发展，工业余热、核电余热、地源热泵和生物质等供暖占比上升。近年来供热系统效率显著提高，使得各种形式的集中供热系统效率得以整体提高。

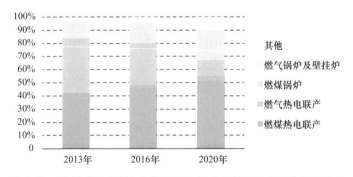

图 1-5　2013 年、2016 年和 2020 年北方城镇地区供热热源结构

根据各地向住房和城乡建设部上报的供暖汇报文件，2021年年底我国北方地区城镇供热热源结构如图 1-6 所示。各地的热源结构差别较大。河北、山西、内蒙古、山东、河南等地以热电联产为主，辽宁、吉林、甘肃等地燃煤锅炉占比较大，北京、天津、青海等地燃气供热占比较大。

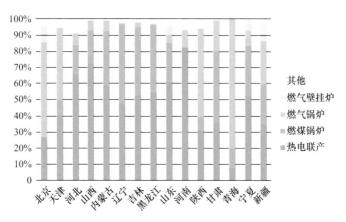

图 1-6　北方地区城镇供热热源结构（截至 2021 年年底）

1.2.4　集中供热管网

在供热管网方面，截至 2021 年年底，我国集中供热管线总长度为 55.1 万 km，图 1-7 集中展示了我国集中供热管道长度历年变化情况。从图 1-7 可知，集中供热管网主要分布在城市，截至 2021 年年底，城市集中供热管线总长度约 46.1 万km，占城镇集中供热管网总里程的 83.8%；县城集中供热管线总长度约 8.9 万 km，占比 16.2%。

2021 年，我国供热一次网长度约 15.3 万 km，二次网长度约 39.9 万 km。其中，城市一次网长度约 12.1 万 km，城市二次网长度约 34.1 万 km，县城一次网长度约 3.2 万 km，县城二次网长度约 5.8 万 km。图 1-8 是 2021 年我国不同省份城

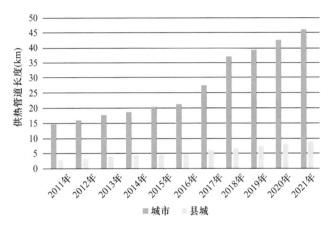

图 1-7　我国 2011—2021 年供热管道长度

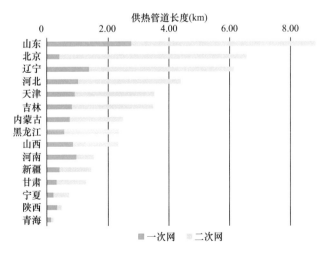

图 1-8　我国 2021 年不同省份城市供热管道长度

市供热管道长度，全国供热管网最长的前五省（市）分别是山东、北京、辽宁、河北和天津。

1.2.5 集中供热建设投资

2001 年以来，全国集中供热固定资产投资逐年增长，2010 年较 2001 年增长超 5 倍，超过 550 亿元。2012 年起再次掀起新一轮投资高峰，连续三年超过 700 亿元。2018 年以后投资有所回落，每年均低于 600 亿元，2019 年低于 500 亿元，2020 年、2021 年略有回升（图 1-9）。

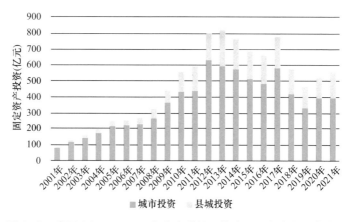

图 1-9 我国 2001—2021 年集中供热设施建设固定资产投资金额

2021 年，全国集中供热固定资产投资比上年度有所增加，共投资 558 亿元，其中城市投资 397 亿元，县城投资 161 亿元。

2021 年与 2020 年相比，新增江苏、浙江、湖南和四川 4 省，各省份投资金额对比可知，投资城市供热项目最多的依然为山东省，其次是河北省和山西省，北京、河北、吉林、黑龙江、安徽、山东、青海、新疆 8 个省（区、市）投资金额较 2020 年有所增加，增幅最大的为青海省。辽宁、吉林、江苏、浙江、山东、湖南、四川、山西、甘肃、青海和新疆 11 个省（区、市）投资城市数量较 2020 年有所增加。投资排名前十的省份总投资占全国供热总投资的 87.5%。此外，夏热冬冷地区供热总投资也已达到 8 亿元（表 1-2）。

我国 2021 年城市集中供热固定资产投资情况　表 1-2

序号	省（区、市）	投资金额（亿元）	投资较上年增长率	参与建设城市数量（个）	较上年增加城市数量（个）	备注
北方采暖地区						
1	山东	99.6006	19%	35	2	
2	河北	49.9334	42%	22	−2	
3	山西	48.4074	−17%	11	−4	
4	内蒙古	31.4656	−24%	14	0	
5	北京	29.4232	23%	1	0	
6	新疆	25.7849	82%	14	1	
7	黑龙江	25.0081	28%	24	−3	
8	河南	24.4127	−17%	27	−3	
9	陕西	16.7858	−35%	12	5	
10	辽宁	13.2174	−16%	17	1	
11	吉林	7.8520	16%	9	1	
12	甘肃	5.7752	−31%	10	1	
13	宁夏	5.5214	−65%	3	0	
14	天津	2.6666	−13%	1	0	
15	新疆兵团	1.7936	−77%	4	−3	
16	青海	1.2158	5949%	2	1	

序号	省 （区、市）	投资金额 （亿元）	投资较上年 增长率	参与建设 城市数量 （个）	较上年增 加城市数 量（个）	备注
南方地区						
17	安徽	4.1484	37%	3	−1	合肥、淮北、铜陵
18	湖北	2.0315	−11%	2	−1	武汉、黄石
19	江苏	0.9245	上年无投资	5	5	无锡、徐州、新沂、淮安、盐城
20	四川	0.8302	上年无投资	2	2	成都、康定
21	贵州	0.2180	−27%	1	0	贵阳
22	浙江	0.1800	上年无投资	1	1	金华
23	湖南	0.1000	上年无投资	1	1	衡阳

1.3　建筑节能状况

　　建筑节能是新型城镇化建设的重要内容，是增进民生福祉的必然选择，也是增强经济发展新动能、实现"碳达峰、碳中和"的着力点。"十三五"时期，我国建筑节能工作取得了显著成效，建筑节能标准加快提升，绿色建筑占比大幅提高，超低能耗建筑快速发展，既有建筑节能和绿色化改造深入推进，可再生能源建筑应用规模持续扩大，清洁取暖取得阶段性成果，在满足人民生活质量改善的同时，推动了建筑领域绿色发展水平的全面提高。

　　根据《"十四五"建筑节能与绿色建筑发展规划》，截至 2020 年年底，全国累计建成节能建筑面积超过 238 亿 m²，节能建筑占城镇民用建筑面积比例超过 63%。"十三五"期间，我国严寒、寒冷地区城镇新建居住节能建筑达到 75%。图 1-10 为清华大学建筑节能研究中心估算的我国北方供暖地区城镇按照节能等级分类的居住建筑面积比例。

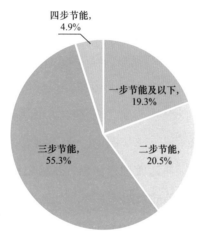

图 1-10　北方地区不同节能等级的城镇居住建筑面积（截至 2021 年年底）

1.3.1　新建建筑能效大幅提升

"十三五"时期，我国加快提高建筑节能标准，严格控制建筑节能标准执行质量，城镇居住建筑普遍实行"节能 65%"标准，严寒和寒冷地区已开始执行"节能 75%"标准，公共建筑全面实行"节能 65%"标准。新发布的《建筑节能与可再生能源利用通用规范》GB 55051—2021 设定了新建建筑设计节能目标，即以 2016 年新建建筑为基准，居住建筑全年供暖空调设计总能耗降低30%，公共建筑全年供暖、通风、空调和照明的设计总能耗降低20%。

"十三五"时期，我国启动了绿色建筑创建行动，进一步加大城镇新建建筑强制执行绿色建筑标准的力度，截至2020年年底，全国城镇新建建筑设计与竣工验收阶段执行建筑节能设计标准比例已达到100%，全国城镇新建绿色建筑占当年新建建筑面积比例达到77%，累计建成绿色建筑面积超过66亿 m^2。

1.3.2　超低能耗建筑发展实现突破

2019年，我国发布实施《近零能耗建筑技术标准》GB/T 51350—2019，为我国中长期建筑能效提升目标设定和路线选择奠定了理论基础。"十三五"时期，我国积极开展超低能耗建筑试点示范，地方鼓励政策接连出台，示范项目效果逐步显现，覆盖区域扩大，建造成本持续下降，为超低能耗建筑规模化发展和创新发展奠定了良好基础。目前，我国已累计建设完成超低能耗、近零能耗建筑面积近0.1亿 m^2，涉及住宅、办公、学校等多种类型，主要分布在北京、天津、河北、山东等北方地区，夏热冬冷、夏热冬暖地区也在积极开展试点。

1.3.3　既有建筑节能改造深入推进

"十三五"时期，我国持续推进既有建筑节能和绿色化改造。严寒及寒冷地区各省份结合北方地区清洁取暖工作，继续推进既有居住建筑节能改造、供热管网智能调控改造等工作，夏热冬冷和夏热冬暖地区各省份积极探索适合既有居住建筑节能改造技术路线。"十三五"时期，完成既有居住建筑节能改造面积 5.14 亿 m^2、公共建筑节能改造面积 1.85 亿 m^2[①]（图 1-11、图 1-12）。

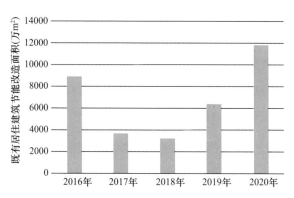

图 1-11　北方采暖地区既有居住建筑节能改造任务完成情况

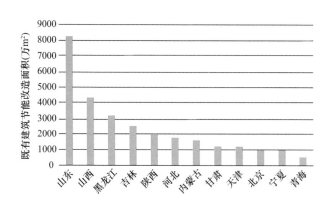

图 1-12　部分省（区、市）"十三五"时期既有居住建筑节能改造情况

---

① 数据来源：《"十四五"建筑节能与绿色建筑发展规划》。

1.3.4 可再生能源建筑应用不断强化

我国持续推进可再生能源建筑应用，应用规模不断扩大，质量不断提升。"十三五"时期，我国进一步加大太阳能光热系统在城市中低层住宅及酒店、学校等公共建筑中的推广力度，鼓励具备条件的建筑工程应用太阳能光伏系统，因地制宜推广使用各类热泵系统，实施可再生能源清洁供暖工程，大力推广空气源热泵技术及产品，并积极拓展可再生能源建筑应用形式。"十三五"时期，全国城镇新增太阳能光热建筑应用面积约 30 亿 m^2、新增太阳能光电建筑装机容量约 5700 万 kW、新增浅层地热能建筑应用面积 2 亿 m^2，城镇建筑可再生能源替代常规能源比重超过 6%[2]。

1.4 供热能源消耗及环境影响

供热能源消耗仍以化石能源为主。2021 年，北方城镇供暖能耗为 2.12 亿 tce，占全国建筑总能耗的 19%。2001—2021 年，北方城镇建筑供暖面积从 50 亿 m^2 增长到 162 亿 m^2，[①]增加了 2 倍，而能耗总量增加不到 1 倍，能耗总量的增长明显低于建筑面积的增长，体现了节能工作取得的显著成绩：平均单位面积供暖能耗从 2001 年的 23kgce/m^2，降低到 2021 年的 13.1kgce/m^2，降幅明显。

---

① 数据来源：《中国建筑节能年度发展研究报告 2023》。

1.4.1　一次能耗总量和强度

2011—2021 年北方城镇供热一次能耗总量和强度变化如图 1-13 所示。具体来说，能耗强度降低的主要原因包括建筑保温水平提高、高效热源方式占比提高以及运行管理水平提升等。北方城镇供暖能耗总量已经于 2017 年前后达峰，近年来已呈现出逐年下降的趋势。疫情原因，2019—2020 供暖季各地均出现不同程度的延长供暖情况，故 2019—2020 供暖季北方城镇总能耗出现小幅回弹。

图 1-13　2011—2021 年北方城镇供热一次能耗总量和强度

1.4.2　供热碳排放

2021 年我国北方建筑运行热力的间接碳排放为 4.9 亿 t CO_2，碳排放强度为 29.7kg CO_2/m^2。近年北方地区集中供暖面积和供暖热需求持续增长，但单位面积的供热能耗和碳排放量持续下降，由于需热量的增长与供热效率提升、能源结构转换的速度基本一致，这部分碳排放已达峰，近年来稳定在 5 亿 t CO_2 左右（图 1-14）。

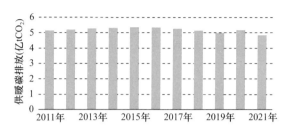

图 1-14　2011—2021 年北方地区城镇建筑供暖的碳排放

第 **2** 章

城镇供热行业年度相关政策

2.1 碳达峰碳中和

2022 年 5 月，财政部印发《财政支持做好碳达峰碳中和工作的意见》。该意见提出，推动减污降碳协同增效，持续开展燃煤锅炉、工业炉窑综合治理，扩大北方地区冬季清洁取暖支持范围，鼓励因地制宜采用清洁能源供暖供热。支持北方供暖地区开展既有城镇居住建筑节能改造和农房节能改造，促进城乡建设领域实现碳达峰碳中和。鼓励有条件的地区先行先试，因地制宜发展新型储能、抽水蓄能等，加快形成以储能和调峰能力为基础支撑的电力发展机制。

2022 年 6 月，生态环境部、国家发展改革委、工业和信息化部、住房和城乡建设部等部门联合印发《减污降碳协同增效实施方案》。该方案指出，推动北方地区建筑节能绿色改造与清洁取暖同步实施，优先支持大气污染防治重点区域利用太阳能、地热、生物质能等可再生能源满足建筑供热、制冷及生活热水等用能需求。该方案明确,持续推进北方地区冬季清洁取暖。新改扩建工业炉窑采用清洁低碳能源,优化天然气使用方式,优先保障居民用气,有序推进工业燃煤和农业用煤天然气替代。将清洁取暖财政政策支持范围扩大到整个北方地区,有序推进散煤替代和既有建筑节能改造工作。

2022 年 6 月,住房和城乡建设部、国家发展改革委印发《城乡建设领域碳达峰实施方案》。该方案明确,到 2030 年前,城乡建设领域碳排放达到峰值,力争到 2060 年前,城乡建设方式全面实现绿色低碳转型。该方案提出,实施 30 年以上老旧供热管网更新改造工程,加强供热管网保温材料更换,推进供热场站、管网智能化改造,到 2030 年城市供热管网热损失比 2020 年下降 5%。因地制宜推进地热能、生物质能应用,推广空气源等各类电动热泵技术。到 2025 年城镇建筑可再生能源替代率达到 8%。引导建筑供暖、生活热水、炊事等向电气化发展,到 2030 年建筑用电占建筑能耗比例超过 65%。推动开展新建公共建筑全面电气化,到 2030 年电气化比例达到 20%。

2022 年 8 月,科技部等九部门印发《科技支撑碳达峰碳中和实施方案(2022—2030 年)》。该方案指出,研发太阳能供暖及供热技术、地热能综合利用技术,探索干热岩开发与利用技术等。围绕城乡建设和交通领域绿色低碳转型目标,以脱碳减排和节能增效为重点,大力推进低碳零碳技术研发与示范应用。到 2030 年，建筑节能减碳各项技术取得重大突破，科技支撑实现新建建筑碳排放量大幅降低，城镇建筑可再生能源替代率明显提升。研究面向不同类型建筑需求的蒸汽、生活热水和炊事高效电气化替代技术和设备，研发夏热冬冷地区新型高效分布式供暖制冷技术和设备，以及建筑环境零碳控制系统，不断扩大新能源在建筑电气化中的使用。研究利用新能源、火电与工业余热区域联网、长距离集中供热技术，发展针对北方沿海核电余热利用的水热同产、水热同供和跨季节水热同储新技术。

2.2 "十四五"工作规划

2022 年 1 月，国务院印发《"十四五"节能减排综合工作方案》。该方案要求，因地制宜推动北方地区清洁取暖，加快工业余热、可再生能源等在城镇供热中的规模化应用。到 2025 年，城镇新建建筑全面执行绿色建筑标准，城镇清洁取暖比例和绿色高效制冷产品市场占有率大幅提升。加快风能、太阳能、生物质能等可再生能源在农业生产和农村生活中的应用，有序推进农村清洁取暖。推进存量煤电机组节煤降耗改造、供热改造、灵活性改造"三改联动"，持续推动煤电机组超低排放改造。推广大型燃煤电厂热电联产改造，充分挖掘供热潜力，推动淘汰供热管网覆盖范围内的燃煤锅炉和散煤。逐步规范和取消低效化石能源补贴。扩大中央财政北方地区冬季清洁取暖政策支持范围。深化供热体制改革，完善城镇供热价格机制。

2022年1月，国家发展改革委、国家能源局联合发布《"十四五"现代能源体系规划》，指出优化天然气使用方向，新增天然气量优先保障居民生活需要和北方地区冬季清洁取暖。推动核能在清洁供暖、工业供热、海水淡化等领域的综合利用。因地制宜发展生物质能清洁供暖。积极推进地热能供热供冷，在具备高温地热资源条件的地区有序开展地热能发电示范。持续推进北方地区冬季清洁取暖，推广热电联产改造和工业余热余压综合利用，逐步淘汰供热管网覆盖范围内的燃煤小锅炉和散煤，鼓励公共机构、居民使用非燃煤高效供暖产品。坚持因地制宜推进北方地区农村冬季清洁取暖，加大电、气、生物质锅炉等清洁供暖方式推广应用力度，在分散供暖的农村地区，就地取材推广户用生物成型燃料炉具供暖。该规划要求，落实清洁取暖电价、气价、热价等政策。

2022年5月，国家发展改革委印发《"十四五"生物经济发展规划》。该规划提出，"十四五"时期，我国将积极开发生物能源；有序发展生物质发电，推动向热电联产转型升级。积极推进先进生物燃料在市政、交通等重点领域替代推广应用，推动化石能源向绿色低碳可再生能源转型。该规划明确，因地制宜开展生物能源基地建设，加强热化学技术创新，推动高效低成本生物能源应用。建设以生物质热电联产、生物质成型燃料及其他可再生能源为主要能源的产业园区。支持有条件的县域开展生物质能清洁供暖替代燃煤，稳步发展城镇生活垃圾焚烧热电联产，推进沼气、生物质成型燃料等其他生物质能清洁取暖。

2022 年 7 月，住房和城乡建设部、国家发展改革委联合发布《"十四五"全国城市基础设施建设规划》。该规划指出，我国城市集中供热面积由 2015 年的 67.2 亿 m^2 增加到 2020 年的 98.8 亿 m^2，增长了 47.0%；提出"十四五"时期城市供热管网热损失率将以 2020 年平均 20% 为基础降低 2.5 个百分点的发展目标。"十四五"时期将持续提升集中供热能力和服务面积，开展城市集中供热系统清洁化建设和改造行动。开展清洁热源建设和改造，新建清洁热源和实施集中热源清洁化改造共计 14.2 万 MW。结合城市建设和城市更新，新建和改造集中供热管网 9.4 万 km，推进市政一次网、二次网和热力站改造。

2022 年 7 月，国家发展改革委印发《"十四五"新型城镇化实施方案》。该方案指出，推进水电气热信等地下管网建设，因地制宜在新城新区和开发区推行地下综合管廊模式。全面推进燃气管道老化更新改造，重点改造城市及县城不符合标准规范、存在安全隐患的燃气管道、燃气场站、居民户内设施及监测设施。锚定碳达峰碳中和目标，推动能源清洁低碳安全高效利用，有序引导非化石能源消费和以电代煤、以气代煤，发展屋顶光伏等分布式能源，因地制宜推广热电联产、余热供暖、热泵等多种清洁供暖方式，推行合同能源管理等节能管理模式。

2022 年 7 月，住房和城乡建设部和国家发展改革委联合发布《"十四五"全国城市基础设施建设规划》。该规划明确，开展城市集中供热系统清洁化建设和改造。加强清洁热源和配套供热管网建设和改造，发展新能源、可再生能源等低碳能源。大力发展热电联产，因地制宜推进工业余热、天然气、电力和可再生能源供暖，实施小散燃煤热源替代，推进燃煤热源清洁化改造，支撑城镇供热低碳转型。积极推进实现北方地区冬季清洁取暖规划目标，开展清洁取暖绩效评价，加强城市清洁取暖试点经验推广。该规划提出，城市清洁供热系统建设与改造。开展清洁热源建设和改造，新建清洁热源和实施集中热源清洁化改造共计 14.2 万 MW。结合城市建设和城市更新，新建和改造集中供热管网 9.4 万 km，推进市政一次网、二次网和热力站改造。

2.3　能源转型与高质量发展

2022 年 1 月，国家发展改革委、国家能源局联合发布《关于完善能源绿色低碳转型体制机制和政策措施的意见》。其中提出，在保障能源安全的前提下有序推进能源绿色低碳转型，先立后破。逐步对化石能源进行安全可靠替代。该意见指出，提升建筑节能标准；健全建筑能耗限额管理制度；完善建筑可再生能源应用标准；鼓励按热量收费，鼓励电供暖企业和用户通过电力市场获得低谷时段低价电力；落实好支持北方地区农村冬季清洁取暖的供气价格政策。

2022 年 5 月，国务院办公厅转发国家发展改革委、国家能源局《关于促进新时代新能源高质量发展的实施方案》，旨在锚定到 2030 年我国风电、太阳能发电总装机容量达到 12 亿 kW 以上的目标，加快构建清洁低碳、安全高效的能源体系。该实施方案指出，因地制宜推动生物质能、地热能、太阳能供暖，在保障能源安全稳定供应基础上有序开展新能源替代散煤行动，促进农村清洁取暖、农业清洁生产。深入推进秸秆综合利用和畜禽粪污资源化利用。制定符合生物质燃烧特性的专用设备技术标准，推广利用生物质成型燃料。

2.4　行业监督与管理

2022 年 1 月，住房和城乡建设部印发《供水、供气、供热等公共企事业单位信息公开实施办法》，2022 年 2 月 1 日起实施。该办法明确，城市供热等公共企事业单位应当重点公开企事业单位概况；热力销售价格，维修及相关服务价格标准，有关收费依据；用热申请及用户入网接暖流程；法定供热时间，供热收费的起止日期；热费收缴、供热维修及相关服务办理程序、时限、网点设置、服务标准、服务承诺和便民措施；

计划类施工停热及恢复供热信息及抄表计划信息；供热及供热设施安全使用规定、常识和安全提示；咨询服务电话、报修和监督投诉电话以及与城市供水、供气、供热服务有关的规定、标准。

2022年4月，《中共中央、国务院关于加快建设全国统一大市场的意见》。该意见明确，在有效保障能源安全供应的前提下，结合实现碳达峰碳中和目标任务，有序推进全国能源市场建设。稳妥推进天然气市场化改革，加快建立统一的天然气能量计量计价体系。进一步发挥全国煤炭交易中心作用，推动完善全国统一的煤炭交易市场。该意见指出，制定招标投标和政府采购制度规则要严格按照国家有关规定进行公平竞争审查、合法性审核。招标投标和政府采购中严禁违法限定或者指定特定的专利、商标、品牌、零部件、原产地、供应商，不得违法设定与招标采购项目具体特点和实际需要不相适应的资格、技术、商务条件等。不得违法限定投标人所在地、所有制形式、组织形式，或者设定其他不合理的条件以排斥、限制经营者参与投标采购活动。深入推进招标投标全流程电子化，加快完善电子招标投标制度规则、技术标准，推动优质评标专家等资源跨地区跨行业共享。

2022年7月，《国家发展改革委 住房和城乡建设部 国家能源局关于开展水电气暖领域涉企违规收费自查自纠工作的通知》明确五项重点任务：一是清理规范建筑区划红线外接入工程收费；二是清理规范建筑区划红线内有关收费；三是清理取消已纳入定价成本的相关收费；四是清理规范非电网直供电环节不合理加价；五是清理规范其他不合理收费。该通知要求，2022 年 7 月底前完成调查摸排，2022 年 8 月底前完成集中整改，2022 年 9 月底前完成工作总结。

2.5　供热设施更新改造

2022 年 2 月，国务院办公厅转发国家发展改革委等部门《关于加快推进城镇环境基础设施建设指导意见的通知》。该通知明确，到 2025 年，城镇环境基础设施供给能力和水平显著提升，加快补齐重点地区、重点领域短板弱项，构建集污水、垃圾、固体废物、危险废物、医疗废物处理处置设施和监测监管能力于一体的环境基础设施体系。到 2030 年，基本建立系统完备、高效实用、智能绿色、安全可靠的现代化环境基础设施体系。

2021 年 12 月，《住房和城乡建设部办公厅　国家发展改革委办公厅　财政部办公厅关于进一步明确城镇老旧小区改造工作要求的通知》提出，电力、通信、供水、排水、供气、供热等专业经营单位履行社会责任，将老旧小区需改造的水电气热信等配套设施优先纳入本单位专营设施年度更新改造计划，并主动与城镇老旧小区改造年度计划做好衔接。项目开工改造前，市、县应就改造水电气热信等设施，形成统筹施工方案，避免反复施工、造成扰民。

2022 年 6 月，国务院办公厅印发《城市燃气管道等老化更新改造实施方案（2022—2025 年）》，明确城市燃气管道等老化更新改造对象包括运行年限满 20 年的供热管道，存在泄漏隐患、热损失大等问题的其他管道。提出城市燃气、供水、供热管道老化更新改造投资、维修以及安全生产费用等，根据政府制定价格成本监审办法有关规定核定，相关成本费用计入定价成本。在成本监审基础上，综合考虑当地经济发展水平和用户承受能力等因素，按照相关规定适时适当调整供气、供水、供热价格；对应调未调产生的收入差额，可分摊到未来监管周期进行补偿。

2.6 加强城镇供暖运行保障工作

2022 年 2 月，国家发展和改革委员会发布《关于进一步完善煤炭市场价格形成机制的通知》，明确了三项重点政策措施：一是引导煤炭价格在合理区间运行；二是完善煤、电价格传导机制；三是健全煤炭价格调控机制。

2022 年 4 月，国家发展和改革委员会发布 2022 年第 4 号公告《关于明确煤炭领域经营者哄抬价格行为的公告》。该公告明确了煤炭经营者捏造、散布涨价信息，囤积居奇，以及无正当理由大幅度或者变相大幅度提高价格等 4 种哄抬价格的具体表现形式及其综合考量因素。

2022 年 4 月，国家发展改革委等六部委印发《煤炭清洁高效利用重点领域标杆水平和基准水平（2022 年版）》。其中提出，新建煤炭利用项目力争全面达到标杆水平。对需开展煤炭清洁高效利用改造的项目，各地应明确改造升级和淘汰时限（一般不超过 3 年）以及年度改造淘汰计划，在规定时限内升级到基准水平以上，力争达到标杆水平；对于不能按期改造完成的项目进行淘汰。燃煤供热锅炉热效率标杆水平应达到 86% 以上，烟尘、二氧化硫、氮氧化物排放达到 $10mg/m^3$、$35mg/m^3$、$50mg/m^3$。

2022 年 5 月，《住房和城乡建设部办公厅关于进一步做好市政基础设施安全运行管理的通知》明确，加强城镇供热运行安全保障。目前尚未全面停暖地区要继续做好城镇供热民生保障工作，坚决守住群众温暖过冬民生底线，站好本供热期最后一班岗。已进入非供热期的地区，要督促供热企业积极开展"冬病夏治"，全面做好供热设施设备运行维护，加强设施巡查巡检，及时排查和消除各类隐患。加大城镇老旧供热管网节能改造力度，降低供热能耗水平，加强能源节约。充分利用煤电油气运保障工作部际协调机制，持续推动能源保供工作，认真履行保障民生、供热取暖主体责任。

第 **3** 章

城镇供热行业统计

中国城镇供热协会（以下简称协会）供热企业 2020—2021 供暖期统计工作于 2021 年 5 月启动，得到了协会会员单位的积极支持和参与。本章主要对该供暖期的统计结果进行汇总整理。

3.1 企业基础信息

3.1.1 企业数量与供热面积

协会统计工作参填供热企业数量由 2017 年的 35 家增加到 2021 年的 122 家，参填企业供热面积由 2017 年的 14.4 亿 m² 增加到 2021 年的 38.4 亿 m²，占参填企业所在城市总供热面积的 56%，占 2020 年全国城市集中供热面积的 39%[①]。居住建筑和公共建筑供热面积分别为 28.4 亿 m² 和 10.0 亿 m²。

参加统计企业最大供热面积 2.68 亿 m²（仅包括该企业在主城区供热的范围），供热面积 5000 万 m² 以上的有 19 家，合计供热面积约 19.6 亿 m²，占总参加统计面积的 51.0%；供

---

① 所在市和全国集中供热面积来自《2020 城市建设统计年鉴》。

热面积在 1000 万～3000 万 m^2 的供热企业数量最多，占参加统计企业总数的 41%（表 3-1）。

2021 年参加统计企业供热面积分布　　表 3-1

序号	供热规模	企业数量（家）	供热面积	
			合计（万 m^2）	占比（%）
1	1 亿 m^2 以上	6	98903	25.7
2	5000 万～10000 万 m^2	13	97182	25.3
3	3000 万～5000 万 m^2	22	82862	21.6
4	1000 万～3000 万 m^2	50	90246	23.5
5	1000 万 m^2 以下	31	15141	3.9

3.1.2　企业所有制

从企业所有制来看，以国有或国有控股为主的企业 79 家供热面积 33.4 亿 m^2，按面积占比 87%；其次是民营企业 40 家，按面积占比 11%；其他类型企业 3 家，按面积占比 2%（图 3-1）。

3.1.3　企业分布

参加统计的企业涵盖北方地区 14 个省（区、市）（北京、天津、河北、山西、内蒙古、辽宁、吉林、黑龙江、山东、河南、陕西、甘肃、宁夏、新疆）（图 3-2），青海暂无企业参与统计；同时有南方 2 个省的企业参与统计（安徽、贵州）。

对参加统计的企业按照所在区域进行划分，京津冀地区企

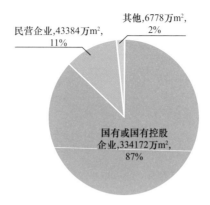

图 3-1 统计企业所有制占比

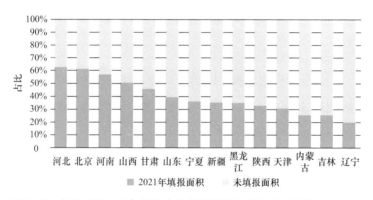

图 3-2 各省（区、市）统计企业供热面积与所在城市供热面积占比

业合计供热面积最大，为 11.3 亿 m²；其次是东北地区，合计 7.2 亿 m²；华中地区企业合计供热面积最小，为 3.2 亿 m²（图 3-3）。从参加统计的企业数量上来看，京津冀地区企业数量最多，为 36 家，其次是东北地区 27 家，华中地区企业最少，共计 8 家（图 3-4）。

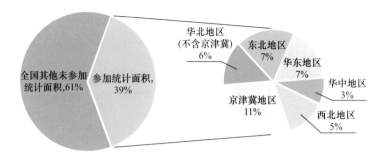

图 3-3 参加统计的企业所在区域及供热面积占比

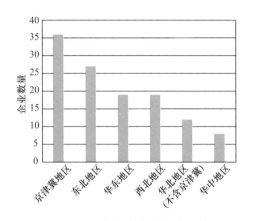

图 3-4 各区域参加统计的企业数量

3.1.4 企业供热与管理方式

从参加统计的企业供热方式来看，122 家企业中拥有含热电联产多热源联网（以下简称热电联产）供热方式的企业有 104 家，供热面积达 36.5 亿 m², 占总统计面积的 95.0%；其中 36 家企业同时拥有热电联产与区域锅炉房两种供热方式，供热面积为 20.2 亿 m², 占比为 52.6%；68 家企业只拥有热电联产供热方式，供热面积为 16.3 亿 m², 占比为 42.5%；18 家企业只采用区域锅炉房供热，供热面积占比为 5%。

从企业供热管理方式上看，统计企业在网供热面积 38.4 亿 m^2，直管到户供热面积 27.7 亿 m^2，占在网供热面积的 72.1%。

3.2　企业供热系统基础数据

3.2.1　供热热源

对 122 家供热企业所涉及供热面积热源结构统计结果显示，燃煤热电联产占比 58.4%，燃气热电联产占比 4.5%；燃煤锅炉占比 15.6%，燃气锅炉占比 19.4%，工业余热占比 1.0%，热泵、生物质等占比 0.9%（图 3-5）。

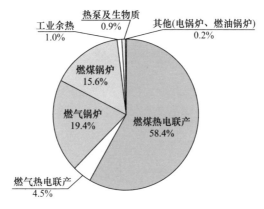

图 3-5　2021 年统计企业供热热源构成

需要特别说明的是，在协会统计工作中，凡为供热企业供热面积供热的热源，无论是该企业自有热源还是外部热源，均在统计范围。统计装机容量如表 3-2 和表 3-3 所示。

表 3-2

供热热源装机容量统计

省份或地区	燃煤热电联产装机容量（MW）	燃气热电联产装机容量（MW）	燃煤锅炉装机容量（MW）	燃气锅炉装机容量（MW）	工业余热装机容量（MW）	热泵装机容量（MW）	其他装机容量（MW）	总供热能力（MW）	供热面积（m²）
北京	2115	8531	432	16862	250	75	68	28333	40386
天津	6483	2204	1430	2296	—	301	—	12714	17033
河北	21550	42	4713	997	813	102	282	28499	55171
山西	20153	—	1150	1950	—	—	—	23253	38021
内蒙古	6348	—	3004	1834	561	—	—	11746	16266
辽宁	7925	—	5518	365	312	281	—	14400	26040
吉林	8428	—	1730	56	273	—	9	10496	17362
黑龙江	8780	—	6862	1142	22	368	1	17175	28858
山东	17683	—	8185	2394	—	461	479	29201	63036
河南	16617	—	—	3007	83	2	—	19709	31935
陕西	4574	—	1479	4117	—	3	97	10271	13753

续表

省份或地区	燃煤热电联产装机容量（MW）	燃气热电联产装机容量（MW）	燃煤锅炉装机容量（MW）	燃气锅炉装机容量（MW）	工业余热装机容量（MW）	热泵装机容量（MW）	其他装机容量（MW）	总供热能力（MW）	供热面积（m²）
甘肃	9295	—	2030	1114	—	—	4	12443	12791
宁夏	2391	—	—	91	—	9	—	2491	5249
新疆	5487	—	372	9490	40	—	112	15501	15420
南方地区	877	—	—	204	—	23	6	1110	
合计	138703	10777	36904	45918	2354	1625	1059	237340	

注：其他类型包括电锅炉、燃油、太阳能、生物质等热源形式。

统计供热热源单位面积供热能力 表 3-3

序号	省份	热源供热能力 （MW）	供热面积 （m²）	单位面积供热能力 （MW/m²）
1	北京	28333	40386	0.70
2	天津	12714	17033	0.75
3	河北	28499	55171	0.52
4	山西	23253	38021	0.61
5	内蒙古	11746	16266	0.72
6	辽宁	14400	26040	0.55
7	吉林	10496	17362	0.60
8	黑龙江	17175	28858	0.60
9	山东	29201	63036	0.46
10	河南	19709	31935	0.62
11	陕西	10271	13753	0.75
12	甘肃	12443	12791	0.97
13	宁夏	2491	5249	0.47
14	新疆	15501	15420	1.01
合计		236230	381321	0.62

注：此表为中国城镇供热协会统计的供热企业为其供热面积提供热源的单位面积供热能力，不代表该地区全部数据。

3.2.2 供热管网

参加协会 2021 年统计工作的供热企业管网总长度为 12.9 万 km，占 2020 年全国城市集中供热管网总长度的 30.3%。其中，一次网 3.4 万 km，二次网 9.5 万 km。一次网按敷设方式统计，直埋管敷设占比 88.7%，管沟敷设占比 4.5%，架空敷设占比 6.1%，综合管廊占比 0.7%；一次网按使用年限统计，15 年以内的占比 78.9%，15～30 年的占比

19.8%，超过 30 年的占比 1.3%。二次网按使用年限统计，15
年以内的占比 69.1%，超过 15 年的占比 30.9%。图 3-6 和
图 3-7 分别是参加协会 2021 年统计工作各地老旧管网长度比
例及年度改造长度占比。

　　从图 3-6 可见，一次管网中，吉林、北京、黑龙江的一
次老旧管网长度占比超过 35%；山东、山西的一次老旧管网
长度占比低于 15%；河南、南方地区、河北的一次老旧管网
长度占比高于 15%，低于 20%；其余省份一次老旧管网长度
占比在 20% 至 35% 之间。黑龙江、吉林、辽宁以及山西 2020
年度一次老旧管网改造比例超过一次管线长度的 3%，其他地
区均低于 3%。

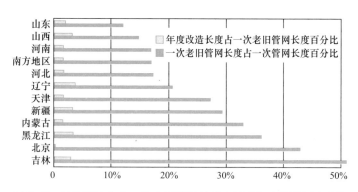

图 3-6　各地统计企业一次老旧管网长度占比及年度改造长度占比

　　从图 3-7 可见，二次管网中，河北、黑龙江、吉林、北
京、辽宁、新疆、甘肃、陕西的老旧管网长度占比超过 35%；
山东、山西的老旧管网长度占比低于 15%；河南、河北、辽宁

以及一些南方地区老旧管网长度占比高于 15%、低于 20%；其他地区二次老旧管网长度占比在 20% 至 35% 之间。

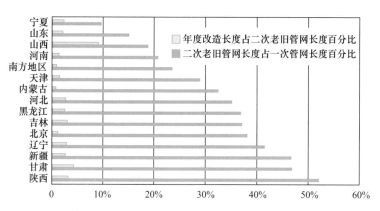

图 3-7 各地统计企业二次老旧管网长度比例及年度改造长度占比

根据 2020 年度二次老旧管网改造占老旧管网长度比例企业统计数据，其中山西的改造比例达到 9%，新疆达到 4%，河北、吉林、辽宁以及陕西达到 3%，宁夏、山东、黑龙江达到 2%，其他地区改造比例低于 2%。

3.2.3 热力站

热力站方面，供热企业统计热力站总数为 46618 个，其中无人值守热力站 36669 个，无人值守热力站占比 78.7%，宁夏、天津、吉林、山东、内蒙古、河南、辽宁、黑龙江等地无人值守热力站比例均在 80% 以上。3 家南方地区企业统计热力站总数为 160 个，其中无人值守热力站占比 79%。各地热力站及无人值守热力站见表 3-4。从热力站规模上看，热力站供热面积最大值约 42 万 m^2，热力站平均供热面积为 9.2 万 m^2/个。分地区来看，宁夏、辽宁、山西、北京、内蒙古等地热力站平均供热面积均超过 10 万 m^2/个（图 3-8）。

供热企业热力站数量统计 表 3-4

省份或地区	热力站数量（个）	无人值守热力站数量（个）	无人值守热力站占比
北京	4758	2517	53%
天津	3081	2957	96%
河北	7592	5610	74%
山西	3687	2691	73%
内蒙古	1648	1481	90%
辽宁	2513	2161	86%
吉林	2170	2023	93%
黑龙江	2556	2147	84%
山东	7603	6952	91%
河南	4687	4213	90%
陕西	2241	606	27%
甘肃	1470	1142	78%
宁夏	507	507	100%
新疆	1965	894	45%
南方地区	160	127	79%

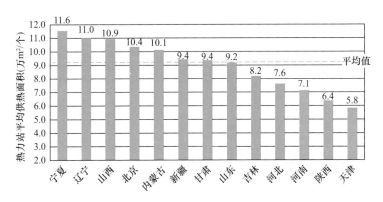

图 3-8　各地统计企业热力站平均供热面积

3.2.4　热用户

协会统计的总供热面积 38.4 亿 m² 中，居住建筑和公共建筑供热面积分别为 28.4 亿 m² 和 10.0 亿 m²，居民建筑和公共建筑用户数量分别为 2555 万户和 704 万户，居民平均每户供热面积为 111.2m²，公共建筑平均每户供热面积为 142.0m²。

参加协会 2021 年统计工作的供热企业服务的供热用户中，已统计建筑节能等级的住宅面积为 15.9 亿 m²，其中二步及以上节能建筑占比 60.2%。已统计建筑节能等级的公共建筑面积 6.4 亿 m²，其中节能公共建筑占比 56.7%。图 3-9、图 3-10 显示了参加统计的供热企业热用户节能与非节能建筑占比。

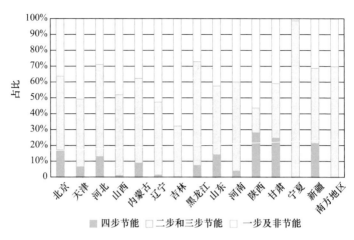

图 3-9　统计供热企业不同节能等级住宅占比

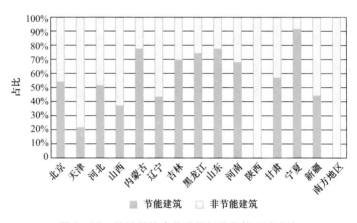

图 3-10　统计供热企业节能与非节能公建占比

3.3　企业供热经营基础数据

3.3.1　供热价格

供热价格按照按面积收费和热计量收费两类进行统计。各地按面积收费的定义有所不同，大部分地方按照建筑面积收费，少部分地方是按照使用面积或套内面积来收费，个别地方按照供暖面积收费。建筑面积是指建筑物（包括墙体）所形成的楼地地面面积[①]。使用面积是指房间实际能使用的面积，不包括墙、柱等结构构造的面积[②]。套内面积是由套内房屋使用面积、套内墙体面积、套内阳台建筑面积三部分组成[③]。供暖面积是以房屋建筑竣工图为准，凡有供暖设施的房间（贯穿间）以图标轴线各减半壁墙厚度的实际间距计算供暖面积[④]。

　　按面积收费，热电联产供热的居民和非居民平均供热价格分别为 23.46 元 /m²、32.56 元 /m²，燃煤锅炉供热的居民和非居民平均供热价格分别为 24.75 元 /m²、33.00 元 /m²，燃气锅炉供热的居民和非居民平均供热价格分别为 25.30 元 /m²、34.74 元 /m²。按面积收费居民售价最低地区山西运城为 13 元 /m²，居民售价最高地区哈尔滨为 38.32 元 /m²，非居民售价最低地区石河子为 20.5 元 /m²，非居民售价最高地区张家口为 49 元 /m²（表 3-5）。统计到的全国 66 个城市，居民按面积收费平均价格为 23.11 元 /m²，非居民按面积收费平均价格为 33.16 元 /m²。分地区看，东北地区供暖期时间较长，按面

---

① 《建筑工程建筑面积计算规范》GB/T 50353-2013。
② 《住宅设计规范》GB 50096-2011。
③ 《房产测量规范　第 1 单元：房产测量规定》GB/T 17986.1-2000。
④ 《秦皇岛市城市供热管理办法》。

积收费的平均供热价格为 26.821 元 /m^2，明显高于其他地区
（图 3-11）。

按面积收费供热价格　　　　　表 3-5

序号	省份	城市	居民售价 （元 /m^2）	非居民售价 （元 /m^2）	备注
1	北京	北京	24.00/28.52/ 30.00[①]	38.65～ 46.00[②]	
2	天津	天津	18.06/25.00[③]	28.83/40.00/ 46.75[④]	
3	河北	石家庄	20.00/22.00[⑤]	28.00/31.00/ 33.90[⑥]	
4		沧州	22.50	34.00	
5		承德	24.00	33.00	
6		邯郸	21.00	35.50	
7		廊坊	22.00/25.00[⑦]	35.00/38.00[⑧]	
8		秦皇岛	34.00	34.00	居民按供暖面积， 非居民按建筑面积
9		唐山	26.00	34.30	居民按使用面积， 非居民按建筑面积
10		邢台	18.00	30.00	
11		张家口	22.95	49.00	
12	山西	太原	18.00	37.50	
13		大同	28.85	38.50	居民按使用面积， 非居民按建筑面积
14		阳泉	21.00	35.00	居民按使用面积 4.20 元 / 月；非居民按 建筑面积 7.00 元 / 月
15		运城	13.00	24.00	
16		长治	13.20/16.50	28.80/36.00	均为热电联产数据

续表

序号	省份	城市	居民售价 （元 /m²）	非居民售价 （元 /m²）	备注
17	内蒙古	呼和浩特	22.08	30.18	
18		赤峰	21.60	27.00/28.80	非经营性单位 27.00
19		包头	21.00	26.40	供暖季 6 个月
20	辽宁	沈阳	26.00	32.00	
21		本溪	26.00	32.00	
22		大连	26.00/25.00⑨	31.00/30.00⑩	
23		抚顺	26.00	34.00	
24		阜新	26.00	32.00	
25		锦州	25.00	31.00	
26		营口	25.00	28.00	
27	吉林	长春	27.00	31.00	
28		吉林	27.00	29.50/33.00⑪	
29		辽源	28.00	36.50	
30	黑龙江	哈尔滨	38.32	43.30	均为使用面积
31		大庆	29.00	43.50	
32		鹤岗	26.00	37.00	
33		鸡西	27.78	39.31	
34		佳木斯	26.75	34.00	
35		牡丹江	38.16	38.16	居民按使用面积， 非居民按建筑面积
36		齐齐哈尔	27.00	35.00	
37	山东	济南	20.50/26.70	28.90/39.80	
38		济宁	18.00	26.00	
39		临沂	23.00	34.00	
40		青岛	30.40	33.06/38.25	居民按使用面积， 非居民按建筑面积

续表

序号	省份	城市	居民售价 （元/m²）	非居民售价 （元/m²）	备注
41	山东	泰安	23.00	33.60	
42		威海	25.00	25.00	居民按使用面积， 非居民按建筑面积
43		烟台	23.00	34.50	
44		枣庄	19.20	28.30	
45		淄博	22.00	20.50/36.00⑫	居民按套内面积
46	河南	郑州	22.80	33.60	居民按套内面积
47		安阳	21.60	38.40	
48		焦作	21.18	32.67	
49		三门峡	19.00	32.00	
50		商丘	17.28	31.20	
51		洛阳	18.73	36.30	
52	安徽	合肥	21.50	—	实行阶梯价，144m² 内21.50元/m²，超 过部分23.00元/m²
53	陕西	西安	21.20/23.20	28.00/30.00	
54	甘肃	兰州	5.00	7.00/8.20/ 9.20	按月计，二类价 格：7元、三类价 格：8.20元、四类价 格：9.20元
55		酒泉	20.50	28.00/30.00⑬	
56		平凉	20.50	28.00	
57		天水	21.20	35.20/39.20⑭	
58		武威	23.00	30.00/33.75⑮	
59		张掖	25.00	29.00	
60	贵州	贵阳	36.00	45.00	

续表

序号	省份	城市	居民售价 （元/m²）	非居民售价 （元/m²）	备注
61	宁夏	银川	24.50	34.50	
62		吴忠	19.00	29.00	
63	西藏	拉萨	20.80/23.70/ 18.90 ⑯	30.40/29.00/ 29.50 ⑰	
64	新疆	乌鲁木齐	22.00	22.00	
65		石河子	20.50	20.50	

① 北京居民供热价格：热电联产 24 元/m²，燃气锅炉 28.52/30 元/m²，电锅炉 30 元/m²。

② 北京非居民供热价格：热电联产城六区 45 元/m²，非城六区 43 元/m²；燃气锅炉多数城六区 45 元/m²，非城六区 43 元/m²，有的企业收费价格为 38.65 元/m²、40.5 元/m²、46 元/m²。

③ 天津居民供热价格：热电联产 18.06/25（元/m²），燃煤燃气锅炉 25 元/m²。

④ 天津非居民供热价格：热电联产 28.83/40/46.75（元/m²）；燃煤燃气锅炉 40/46.75（元/m²）。

⑤ 石家庄居民供热价格：热电联产和燃气锅炉 22 元/m²，燃煤锅炉 20/22（元/m²）。

⑥ 石家庄非居民供热价格：热电联产 31 元/m²；燃煤锅炉 28/31（元/m²），燃气锅炉 31/33.9（元/m²）。

⑦ 廊坊居民供热价格：热电联产 22/25（元/m²），燃气燃气锅炉 25 元/m²。

⑧ 廊坊非居民供热价格：热电联产 35/38（元/m²）；燃煤燃气锅炉 35 元/m²。

⑨ 大连居民供热价格：热电联产 26 元/m²，燃煤锅炉 25 元/m²。

⑩ 大连非居民供热价格：热电联产 31 元/m²；燃煤锅炉 30 元/m²。

⑪ 吉林非居民供热价格：经营性用房 33 元/m²；非经营性用房 29.5 元/m²。

⑫ 淄博非居民供热价格：学校社区类 20.5 元/m²，公共建筑 36 元/m²。

⑬ 酒泉非居民供热价格：公建 28 元/m²；商业 30 元/m²。

⑭ 天水非居民供热价格：商企 35.2 元/m²；行政 39.2 元/m²。

⑮ 武威非居民供热价格：公共建筑 30 元/m²；商业 33.75 元/m²。

⑯ 拉萨居民供热价格：热电联产 20.8 元/m²；燃煤锅炉 23.7 元/m² 和燃气锅炉 18.9 元/m²。

⑰ 拉萨非居民供热价格：热电联产 30.4 元/m²；燃煤锅炉 29 元/m²，燃气锅炉 29.5（元/m²）。

注：若无特别说明，表中居民售价和非居民售价均为按建筑面积收费的价格。

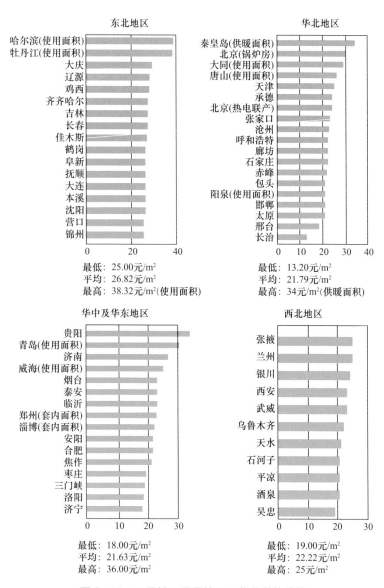

图 3-11 不同地区居民按面积收费供热价格

　　按热计量收费，居民平均基价、计量价分别为 10.97 元 /m²、0.15 元 /kWh，非居民平均基价、计量价分别为 15.14 元 /m²、0.25 元 /kWh。北方城市热计量收费基础热价占比多为 30%，北京（燃气锅炉房）、牡丹江、吉林等城市基础热价占比最高，为 50% 以上，居民计量热价最高和最低的地区分别为贵阳市 105.6 元 /GJ 和包头市 17.8 元 /GJ，平均值为 41.8 元 /GJ。非居民计量热价最高和最低的地区分别为大庆市 105 元 /GJ 和包头市 22.8 元 /GJ，平均值为 62.3 元 /GJ（表 3-6、图 3-12 和图 3-13）。

按热计量收费供热价格　表 3-6

序号	省份	城市	居民		非居民		备注
			基价（元 /m²）	计量价（元 /kWh）	基价（元 /m²）	计量价（元 /kWh）	
1	北京	北京	12.00/18.00①	0.16	13.50/18.00	0.329/0.330②	
2	天津	天津	7.50~12.50	0.12	12.00~16.13	0.252~0.370	
3	河北	石家庄	6.60	0.16	9.30	0.22	
4		承德	7.20	0.19	16.50	0.18	
5		邯郸	6.30	0.17	10.65	0.27	
6		廊坊	7.50/11.00	0.18	10.50	0.245	
7		秦皇岛	10.20	0.16	10.20	0.24	居民基础热价按供暖面积，非居民基础热价按建筑面积

续表

序号	省份	城市	居民		非居民		备注
			基价 （元/m²）	计量价 （元/kWh）	基价 （元/m²）	计量价 （元/kWh）	
8	河北	唐山	9.75	0.11	17.15	0.22/0.23	
9		邢台	5.40/ 9.00③	0.11/ 0.15④	9.00/11.50/ 12.50⑤	0.14/ 0.25⑥	
10		张家口	—	—	14.70	0.20	
11		定州	5.70	0.137	7.50	0.157	
12	内蒙古	包头	10.50	17.80	13.20	22.76	
13		赤峰	—	—	4.80	26.39	
14	山西	太原	5.40	0.17	11.25	0.34	
15		大同	7.76	0.15	11.55	0.30	
16		阳泉	6.30	0.13	10.50	0.30	
17		长治	3.96	0.14	8.64	0.32	
18		运城	0.00	0.129		0.129	
19	辽宁	大连	15.00	0.237	15.00	0.237	
20	吉林	长春	—	—	31.00	0.245	
21		吉林	13.75	0.12/ 0.19	9.90/ 16.75	0.14/0.20	
22	黑龙江	哈尔滨	15.33	0.153	17.32	0.173	按使用面积
23		大庆	29.00		43.50	0.378	
24		鹤岗	10.40	0.075	14.80	0.107	
25		牡丹江	16.00	0.13	16.00	0.18	
26		齐齐哈尔	10.08	0.10	14.00	0.13	
27	安徽	合肥	9.50	0.15			
28	山东	济南	8.01	0.20	11.94	0.30	
29		临沂	6.90	0.152	10.20	0.217	
30		青岛	9.12	0.152		0.297	
31		泰安	6.90	0.17	10.08	0.25	

续表

序号	省份	城市	居民		非居民		备注
			基价（元/m²）	计量价（元/kWh）	基价（元/m²）	计量价（元/kWh）	
32	山东	威海	7.50/6.90⑦	0.128/0.150⑧	7.50/9.00⑨	0.128/0.171/0.322⑩	
33		烟台	6.90	0.15		0.322	
34	河南	郑州	6.84	0.22	10.80	0.32	
35		安阳	6.48	0.13	11.52	0.29	
36		焦作	6.30	0.105/0.15⑪		0.23	
37		洛阳	5.62	0.14	10.80	0.259	
38		三门峡	5.70	0.11	9.60	0.230	
39	陕西	西安	6.96	0.158	9.00	0.212	
40	甘肃	兰州	7.50	0.171	10.50/12.30/13.80	0.239/0.280/0.314⑫	
41		酒泉	29.60	0.155	29.60	0.155	
42		天水	6.36	0.14	10.56	0.16	
43	贵州	贵阳	10.00	0.38	—	—	
44	宁夏	吴忠	5.70	0.14	8.70	0.22	
45	西藏	拉萨	6.35	0.111	8.40	0.149	
46	新疆	乌鲁木齐	11.00	0.0855/0.088	11.00	0.0855/0.088	
47		石河子	6.15	0.115	6.15	0.115	

① 北京居民供热计量收费基价：热电联产 12 元/m²，燃气锅炉 18 元/m²。

② 北京非居民供热计量收费计量价：城六区 98.9 元/GJ，非城六区 91.6 元/GJ。

③ 邢台居民供热计量收费基价：邢台 5.4 元/m²，南和区 9 元/m²。

④ 邢台居民供热计量收费计量价：邢台 0.15 元/kWh，南和区 0.11 元/kWh。

⑤ 邢台非居民供热计量收费基价：邢台 9 元/m²，南和区公共建筑 11.5 元/m²、商业 12.5 元/m²。

⑥ 邢台非居民供热计量收费计量价：邢台 0.25 元/kWh，南和区 0.14 元/kWh。

⑦ 威海居民供热计量收费基价：区 7.5 元 /m²，文登、初村、北海 6.9 元 /m²。

⑧ 威海居民供热计量收费计量价：区 35.7 元 /GJ，文登、初村、北海 41.82 元 /GJ。

⑨ 威海非居民供热计量收费基价：区 7.5 元 /m²，文登区 9 元 /m²。

⑩ 威海非居民供热计量收费计量价：区 35.7 元 /GJ，文登区 47.6 元 /GJ，初村、北海 89.61 元 /GJ。

⑪ 焦作市计量预付费 0.15 元 /kWh。

⑫ 非居民基础热价：二类价格：10.5 元、三类价格：12.3 元、四类价格：13.8 元；非居民计量热价二类价格：66.41 元、三类价格：77.79 元、四类价格：87.28 元。

注：1. 若无特别说明，表中居民基价和非居民基价均为按建筑面积收费的价格。

2. 表中"—"表示该地区无热计量相关价格。

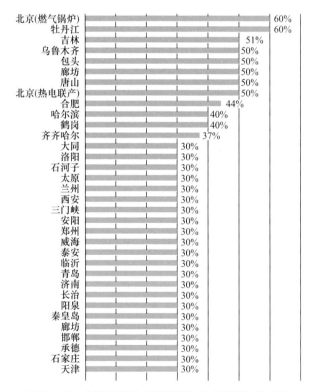

图 3-12　全国主要城市两部制热价中基础热价占比

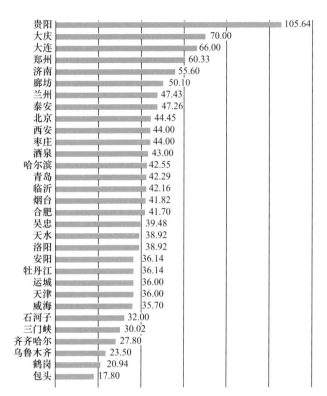

图 3-13　全国主要城市计量热价（单位：元 /GJ）

3.3.2　外购热力成本与价格

2020—2021 供暖期协会统计的 122 家供热企业中，有 90 家企业向上游电厂购买热量，累计购买热量 8.7 亿 GJ，总购热成本 265.0 亿元，其中外购燃煤热电联产热力 60670.5 万 GJ，燃气热电联产热力 7473 万 GJ，工业余热热力 3715 万 GJ，长输热电联产热力 14563 万 GJ。各地外购热力购买价格如表 3-7～表 3-10 所示。

部分地区外购热力（燃煤热电联产）价格　　表 3-7

序号	省份	城市	外购热力（燃煤热电联产）价格（元 /GJ）
1	北京	北京	87.00
2	天津	天津	28.00
3	河北	石家庄	32.12～43.00
4		邢台	27.13
5		邯郸	28.00
6		廊坊	29.70～30.00
7		秦皇岛	25.00
8		唐山	29.70
9		张家口	28.06
10		承德	28.20
11		沧州	36.81
12		衡水	26.65
13		定州	26.00
14	山西	太原	20.00
15		长治	28.50
16		大同	20.00
17		阳泉	20.00
18	内蒙古	呼和浩特	30.00
19		包头	22.00～23.86
20		赤峰	21.28
21	辽宁	大连	40.00
22		本溪	32.00～37.80
23		抚顺	32.66
24		阜新	35.00
25		锦州	34.00～50.42
26		营口	37.50

续表

序号	省份	城市	外购热力（燃煤热电联产）价格（元/GJ）
27	吉林	长春	36.00
28		吉林	34.42
29		辽源	33.87
30	黑龙江	哈尔滨	37.20
31		大庆	38.15～46.42
32		鸡西	25.21
33		牡丹江	37.50
34		齐齐哈尔	42.84
35	安徽	合肥	40.00
36		宿州	35.50
37	山东	济南	42.80～52.18
38		德州	25.00
39		济宁	37.00
40		临沂	40.00～45.25
41		青岛	50.42
42		泰安	46.00
43		烟台	51.00
44		枣庄	44.00
45		淄博	53.00
46	河南	安阳	31.00
47		焦作	30.00～32.00
48		洛阳	41.00
49		三门峡	31.60
50		商丘	30.00

续表

序号	省份	城市	外购热力（燃煤热电联产）价格（元/GJ）
51	陕西	西安	32.00～40.00
52		渭南	23.60
53	甘肃	兰州	34.40
54		白银	24.00
55		平凉	26.00
56		武威	31.25
57		张掖	24.00
58	宁夏	银川	36.50
59		吴忠	21.00
60	新疆	乌鲁木齐	11.50
61	西藏	拉萨	30.00

部分地区外购热力（燃气热电联产）价格　表3-8

序号	省份	城市	外购热力（燃气热电联产）价格（元/GJ）
1	北京	北京	87.40～91.00
2	天津	天津	28.00
3	河北	石家庄	43.00～51.25
4	山西	太原	20.50
5	辽宁	锦州	50.42
6	黑龙江	大庆	46.42
7	山东	济南	63.50
8		青岛	50.42
9	陕西	渭南	85.00

部分地区外购热力（工业余热）价格　　表 3-9

序号	省份	城市	外购热力（工业余热）价格（元 /GJ）
1	天津	天津	27.60
2	河北	石家庄	43.67
3		邯郸	22.81
4		唐山	26.00
5		邢台	13.50
6		定州	19.00
7	山西	太原	8.50
8	内蒙古	包头	23.50
9		赤峰	7.00
10	辽宁	锦州	50.42
11	吉林	长春	49.00
12	黑龙江	哈尔滨	28.00
13	山东	菏泽	41.45
14		青岛	50.42
15	河南	安阳	25.00
16		三门峡	31.60

部分地区外购热力（长输热电联产）价格　　表 3-10

序号	省份	城市	外购热力（长输热电联产）价格（元 /GJ）
1	北京	北京	70.00
2	天津	天津	28.00
3	河北	石家庄	43.67
4		唐山	29.70
5		秦皇岛	25.00
6	山西	太原	15.00

序号	省份	城市	外购热力（长输热电联产）价格（元 /GJ）
7	内蒙古	呼和浩特	19.00
8	辽宁	锦州	39.00
9	吉林	长春	36.00
10	黑龙江	大庆	46.42
11		鹤岗	33.05
12		济南	47.16
13	山东	青岛	50.42
14		烟台	45.50
15		郑州	37.00
16	河南	洛阳	34.00
17		三门峡	31.60
18	甘肃	酒泉	29.60
19	新疆	石河子	15.00
20	西藏	拉萨	24.00

外购热力（燃煤热电联产）平均价格为 33.76 元 /GJ，最高为北京市 87 元 /GJ，最低为乌鲁木齐市 11.5 元 /GJ；外购热力（燃气热电联产）平均价格为 56.65 元 /GJ，最高为北京市 91 元 /GJ，最低为太原市 20.5 元 /GJ；外购热力（工业余热）平均价格为 29.26 元 /GJ，最高为锦州市 50.42 元 /GJ，最低为赤峰市 7 元 /GJ；外购热力（长输热电联产）价格 34.74 元 /GJ，最高为北京市 70 元 /GJ，最低为太原市、石河子市 15 元 /GJ，如图 3-14～图 3-17 所示。

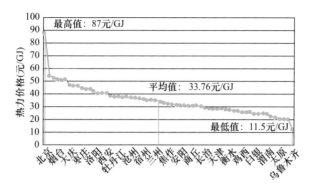

图 3-14　北方典型城市外购热力（燃煤热电联产）价格

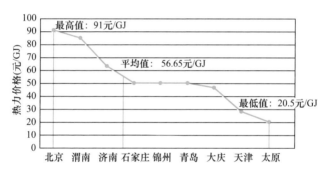

图 3-15　北方典型城市外购热力（燃气热电联产）价格

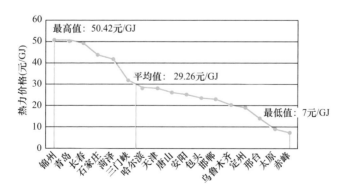

图 3-16　北方典型城市外购热力（工业余热）价格

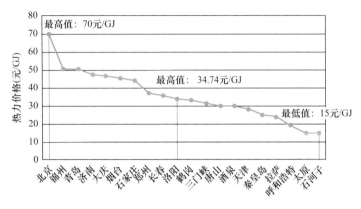

图 3-17　北方典型城市外购热力（长输）价格

3.3.3　燃煤成本与价格

2020—2021 供暖期协会统计的供热企业中共有 48 家企业拥有燃煤锅炉，累计消耗 1467.6 万 tce，总购煤成本 121 亿元。各地燃煤购入价格如表 3-11 所示。

不同城市燃煤购入价格　　　　表 3-11

序号	省份	城市	燃煤价格（元 /tce）
1	天津	天津	578.48～875.00
2	河北	石家庄	703.89～1411.00
3		邢台	1411.00
4		沧州	680.00
5		承德	921.84
6		秦皇岛	580.00
7		廊坊	913.30
8		唐山	1150.00
9	河南	三门峡	1050.00

续表

序号	省份	城市	燃煤价格（元/tce）
10	山西	太原	730.19
11		阳泉	994.68
12	山东	济南	951.00～955.30
13		济宁	980.00
14		青岛	861.45～1050.00
15		泰安	1027.00
16	内蒙古	呼和浩特	546.00～820.00
17	黑龙江	哈尔滨	1008.60
18		大庆	1200.00
19		鸡西	970.00
20		牡丹江	910.00
21		齐齐哈尔	840.00
22	吉林	长春	408.00～896.00
23		吉林	890.00
24		辽源	763.00
25	辽宁	沈阳	700.00
26		大连	557.17～987.20
27		锦州	674.00
28	陕西	西安	950.00
29	安徽	合肥	891.65
30	甘肃	兰州	862.00
31		天水	503.00
32		武威	458.00
33		张掖	700.00
34	西藏	拉萨	550.00

标准煤平均价格为 825 元 /tce（2018—2019 供暖期为 814 元 /tce，2019—2020 供暖期为 768 元 /tce），最高为邢台市 1411 元 /tce，最低为长春市 408 元 /tce（图 3-18）。

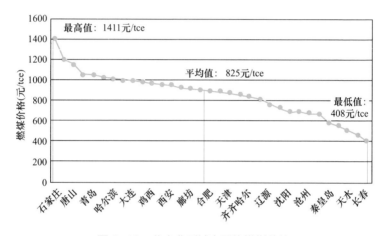

图 3-18　北方典型城市平均燃煤价格

3.3.4　天然气成本与价格

2020—2021 供暖期协会统计的供热企业中共有 43 家企业拥有燃气锅炉，累计消耗天然气燃气量 39.9 亿 Nm^3（不含燃气热电联产），总购气成本 105 亿元。各地天然气价格如表 3-12 所示。天然气平均价格为 2.64 元 /Nm^3（2018—2019 供暖期为 2.73 元 /Nm^3，2019—2020 供暖期为 2.97 元 /Nm^3），最高为太原市 4.1 元 /Nm^3，最低为乌鲁木齐市 1.37 元 /Nm^3（图 3-19）。

不同城市天然气价格　　　表 3-12

序号	省份	城市	天然气价格（元 /Nm³）
1	北京	北京	2.08～2.78
2	天津	天津	2.70
3	河北	石家庄	2.33
4		沧州	3.30
5		承德	3.81
6		廊坊	2.54
7	河南	郑州	3.27
8		三门峡	3.65
9	山西	太原	3.45～4.10
10	山东	济南	1.71～1.75
11		青岛	2.38～3.67
12		泰安	3.60
13		淄博	3.20
14	内蒙古	呼和浩特	2.06～2.40
15		包头	2.30
16	黑龙江	大庆	2.70
17		牡丹江	2.40
18	吉林	长春	3.20
19	陕西	西安	2.30
20	甘肃	兰州	1.98
21		武威	3.12
22	贵州	贵阳	2.88
23	宁夏	银川	2.30
24	西藏	拉萨	1.96
25	新疆	乌鲁木齐	1.37～1.38

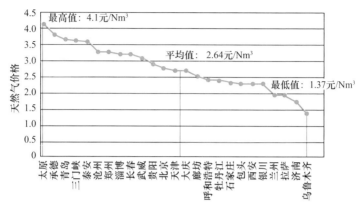

图 3-19　北方典型城市天然气价格

3.3.5　电费与电价

供热企业用电电费统计主要是指供热系统对外供热全过程有关的动力设备、仪器仪表和照明等所消耗的用电支出，包括热源用电和热力站用电。经中国城镇供热协会统计，2020—2021 供暖期 122 家企业累计消耗电量 31.5 亿 kWh，支出 21.4 亿元。对各地综合购电价格进行了统计，平均价格为 0.68 元 / kWh（2018—2019 供暖期为 0.70 元 /kWh，2019—2020 供暖期为 0.67 元 /kWh），最高为北京 1.14 元 /kWh，最低为辽源 0.37 元 /kWh（图 3-20、表 3-13）。

不同城市综合购电价格　　　　　表 3-13

序号	省份	城市	综合电价（元 /kWh）
1	北京	北京	0.70～1.14
2	天津	天津	0.68～0.72

续表

序号	省份	城市	综合电价（元/kWh）
3	河北	石家庄	0.58～0.66
4		邢台	0.52～0.61
5		沧州	0.54
6		承德	0.58
7		秦皇岛	0.52～0.54
8		邯郸	0.54
9		廊坊	0.64～0.82
10		唐山	0.52～1.00
11		张家口	0.60
12	河南	郑州	0.78
13		洛阳	0.75
14		安阳	0.68
15		焦作	0.61
16		三门峡	0.70
17		商丘	0.71
18	山西	太原	0.67
19		长治	0.55
20		阳泉	0.68
21	山东	济南	0.75～0.83
22		济宁	0.65
23		临沂	0.67
24		青岛	0.68～0.72
25		泰安	0.65
26		烟台	0.60
27		枣庄	0.67
28		淄博	0.70

序号	省份	城市	综合电价（元/kWh）
29	内蒙古	呼和浩特	0.48～0.65
30		包头	0.47～0.51
31	黑龙江	哈尔滨	0.71～0.72
32		大庆	0.71～0.77
33		鹤岗	0.66
34		鸡西	0.72
35		牡丹江	0.72
36		齐齐哈尔	0.73
37	吉林	长春	0.77～0.85
38		吉林	0.56～0.72
39		辽源	0.37
40	辽宁	沈阳	0.65
41		大连	0.60～0.67
42		本溪	0.64
43		抚顺	0.63
44		阜新	0.65
45		锦州	0.72
46		营口	0.65
47	陕西	西安	0.60
48	安徽	合肥	0.72
49	甘肃	兰州	0.75
50		酒泉	0.60
51		平凉	0.60
52		天水	0.58
53		武威	0.56
54		张掖	0.77

续表

序号	省份	城市	综合电价（元/kWh）
55	贵州	贵阳	0.60
56	宁夏	银川	0.48
57		吴忠	0.52
58	西藏	拉萨	0.63
59	新疆	乌鲁木齐	0.42～0.48
60		石河子	0.45

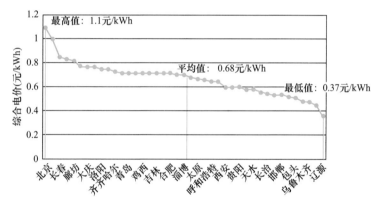

图 3-20　北方地区典型城市综合电价

3.3.6　水费与水价

水费统计保障供暖系统正常运行所消耗的补水量支出，且补水量不包括供热系统初始上水量。经协会统计，2020—2021 供暖期 119 家企业累计补水量 1.8 亿 t，平均每平方米补水量 46.8kg，支出 9.2 亿元。各地自来水价格差异较大，自来水平均价格为 5.8 元/m³（2018—2019 供暖期为 5.67 元/m³，2019—2020 供暖期为 5.45 元/m³），价格最高地区为邯郸市 10 元 /t，价格最低地区为张掖市 2.5 元 /t（图 3-21、表 3-14）。

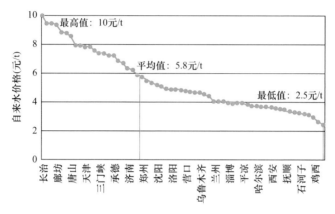

图 3-21　北方地区典型城市自来水价格

不同城市自来水价格表　　　表 3-14

序号	省份	城市	自来水价格（元 /t）
1	北京	北京	6.28～9.50
2	天津	天津	3.25～7.90
3		石家庄	4.15～8.94
4		邢台	4.36～8.88
5		沧州	6.29～6.30
6		承德	7.29
7	河北	秦皇岛	7.64
8		邯郸	9.54
9		廊坊	7.50～9.48
10		唐山	5.20～8.70
11		张家口	7.34

续表

序号	省份	城市	自来水价格（元/t）
12	河南	郑州	5.83
13		洛阳	4.93
14		安阳	8.00
15		焦作	4.50
16		三门峡	7.50
17		商丘	3.25
18	山西	太原	5.50
19		长治	6.60～10.00
20		阳泉	8.02
21	山东	济南	4.45～6.44
22		济宁	3.90
23		临沂	3.20
24		青岛	5.22～5.40
25		泰安	4.74
26		烟台	3.64
27		枣庄	2.70
28		淄博	4.00
29	内蒙古	呼和浩特	7.40～7.50
30		包头	6.97
31	黑龙江	哈尔滨	2.95～3.80
32		大庆	3.75～4.00
33		鹤岗	3.35
34		鸡西	3.00
35		牡丹江	7.90
36		齐齐哈尔	3.83

第 3 章

续表

序号	省份	城市	自来水价格（元/t）
37	吉林	长春	6.61～6.80
38		吉林	5.40～5.95
39		辽源	5.00
40	辽宁	沈阳	5.25
41		大连	4.57～4.62
42		本溪	4.92
43		抚顺	3.55
44		阜新	3.73
45		锦州	3.75
46		营口	4.85
47	陕西	西安	3.70
48	安徽	合肥	3.40
49	甘肃	兰州	4.10
50		酒泉	3.60
51		平凉	3.98
52		天水	4.10
53		武威	4.10
54		张掖	2.50
55	贵州	贵阳	4.00
56	宁夏	银川	4.92
57		吴忠	5.10
58	西藏	拉萨	4.75
59	新疆	乌鲁木齐	4.50～4.74
60		石河子	3.32

3.3.7　管网新建及老旧改造费用

2021 年共有 48 家企业投资 62 亿元用于新建供热管网建设，对应的供热面积共 20.9 亿 m^2。随着供热系统逐年持续运行，供热管网普遍存在老化、腐蚀严重等问题，安全事故时有发生，同时还存在保温失效散热损失加大的问题，这些问题不仅影响了供热正常生产和居民生活秩序，同时也造成了巨大浪费。根据本次统计结果，一次管网中老旧管网占比为 21%，吉林、北京、黑龙江、内蒙古及新疆等地老旧管网占比较高；二次管网中老旧管网占比为 31%，占比较高的地区依次为陕西、甘肃、新疆、辽宁和北京。2020 年供热企业持续对老旧小区进行供热管网改造，51 家企业共投资 45 亿元，改造管网 1648km，平均每沿程米投资约 0.27 万元。

3.4　供热运行基础数据

3.4.1　供热时间

2020—2021 供暖期，统计企业所在地区供暖期最短 99 天，最长 208 天。寒冷地区正式开始供暖最早时间是 2020 年 10 月 19 日，正式结束供暖最晚时间是 2021 年 4 月 12 日；严寒地区正式开始供暖最早时间是 2020 年 10 月 5 日，正式结束供暖最晚时间是 2021 年 4 月 30 日，如表 3-15 所示。2020—2021 供暖期统计的 73 个城市的 120 家企业中，有 61 个城市 97 家企业延长供暖期，其中寒冷地区占比 84%，严寒地区占比为 81%。寒冷地区供暖期平均延长 15.8 天，最长为长治市，延长 42 天；严寒地区平均延长 8.1 天，最长为库尔勒市，延长 27 天（图 3-22）。

2020—2021 供暖期起止时间　　　表 3-15

序号	省份	城市	供暖期正式开始日期	供暖期正式结束日期	实际供暖天数（天）	法定供暖天数（天）
1	北京	北京	2020-11-15	2021-03-15	121	121
2	天津	天津	2020-10-25	2021-03-31	158	151
3	河北	石家庄	2020-11-01	2021-03-31	151	121
4		唐山	2020-11-01	2021-03-31	151	121
5		沧州	2020-11-01	2021-03-31	151	121
6		承德	2020-10-30	2021-04-07	160	151
7		邢台	2020-11-01	2021-03-31	151	121
8		邯郸	2020-11-01	2021-04-01	152	121
9		廊坊	2020-11-01	2021-03-31	151	121
10		张家口	2020-10-23	2021-04-07	167	151
11		秦皇岛	2020-11-01	2021-04-06	157	152
12		保定	2020-11-01	2021-03-31	151	121
13	山西	太原	2020-10-20	2021-03-31	163	151
14		阳泉	2020-11-01	2021-04-04	155	151
15		大同	2020-10-12	2021-04-16	187	168
16		长治	2020-10-20	2021-03-31	163	121
17		运城	2020-11-15	2021-03-15	121	121
18	内蒙古	呼和浩特	2019-10-10	2020-04-18	192	184
19		包头	2020-10-09	2021-04-16	190	183
20		赤峰	2020-10-09	2021-04-15	189	183

续表

序号	省份	城市	供暖期正式开始日期	供暖期正式结束日期	实际供暖天数（天）	法定供暖天数（天）
21	辽宁	沈阳	2020-11-01	2021-03-31	151	151
22		朝阳	2020-11-01	2021-03-31	151	151
23		营口	2020-10-25	2021-03-31	158	151
24		锦州	2020-10-27	2021-03-31	156	151
25		大连	2020-10-26	2021-04-05	162	156
26		本溪	2020-10-28	2021-03-31	155	151
27		阜新	2020-11-01	2021-04-06	157	151
28		抚顺	2020-10-25	2021-04-05	163	151
29	吉林	长春	2020-10-18	2021-04-08	173	169
30		吉林	2020-10-18	2021-04-10	175	173
31		辽源	2020-10-20	2021-04-10	173	168
32	黑龙江	哈尔滨	2020-10-12	2021-04-20	191	183
33		佳木斯	2020-10-07	2021-04-21	197	183
34		鸡西	2020-10-05	2021-04-30	208	208
35		大庆	2020-10-08	2021-04-20	195	188
36		齐齐哈尔	2020-10-07	2021-04-18	194	183
37		鹤岗	2020-10-05	2021-04-25	203	203
38		牡丹江	2020-10-09	2021-04-18	192	183
39	山东	济南	2020-11-01	2021-03-23	143	121
40		济宁	2020-11-08	2021-03-25	138	126
41		淄博	2020-11-05	2021-03-22	138	121
42		枣庄	2020-11-13	2021-03-23	131	121
43		临沂	2020-11-06	2021-03-27	142	131
44		泰安	2020-11-03	2021-03-23	141	131
45		青岛	2020-11-08	2021-04-06	150	141

第3章

续表

序号	省份	城市	供暖期正式开始日期	供暖期正式结束日期	实际供暖天数（天）	法定供暖天数（天）
46	山东	烟台	2020-11-07	2021-04-10	155	136
47		威海	2020-11-01	2021-04-12	163	137
48		菏泽	2020-11-08	2021-03-20	133	121
49		德州	2020-11-07	2021-03-22	136	121
50	河南	郑州	2020-11-08	2021-03-15	128	121
51		洛阳	2020-11-15	2021-03-15	121	121
52		安阳	2020-11-15	2021-03-15	121	121
53		三门峡	2020-11-05	2021-03-15	131	121
54		商丘	2020-11-15	2021-03-15	121	121
55		焦作	2020-11-15	2021-03-15	121	121
56	陕西	西安	2020-11-13	2021-03-15	123	121
57		渭南	2020-11-15	2021-03-16	122	121
58	甘肃	武威	2020-10-19	2021-04-10	174	151
59		天水	2020-11-01	2021-04-06	157	117
60		酒泉	2020-10-23	2021-04-05	165	151
61		兰州	2020-11-01	2021-03-31	151	151
62		平凉	2020-11-01	2021-03-31	151	151
63		张掖	2020-10-19	2021-04-04	168	151
64		白银	2020-10-28	2021-04-05	160	151
65	新疆	乌鲁木齐	2020-10-10	2021-04-10	183	183
66		库尔勒市	2020-11-01	2021-03-31	151	178
67	宁夏	银川	2020-10-20	2021-04-10	173	151
68		吴忠	2020-11-01	2021-04-05	156	152
69	安徽	合肥	2020-11-23	2021-03-11	109	91
70		宿州	2020-12-01	2021-03-09	99	91
71	贵州	贵阳	2020-11-15	2021-03-15	121	121

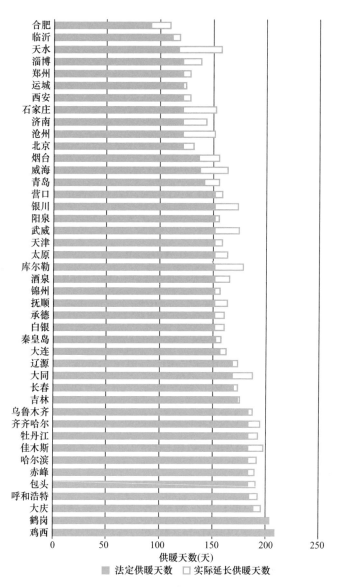

图 3-22 2020—2021 供暖期全国主要城市供热法定时间和
延长时间示意图

3.4.2 供暖室内温度

随着我国社会经济的发展和城镇化进程的加快，人们对供暖的需求差异化越来越大，已经从满足温饱型向追求舒适型转变，当然这里也有要求过高室温的不理性消费带来过量供热的问题。2020 年以来，抗击疫情的同时伴随室外持续低温的情况发生，再次凸显了室内环境的重要性，给供热企业提出了新的挑战。协会自 2020 年以来连续对参加统计的供热企业的居民用户室内合格温度标准、居民室内平均温度进行了统计。2021 年统计了全国 73 个城市的数据，仅运城、大同、长治和合肥 4 个城市居民室内温度合格标准为 16℃，包头、大庆、哈尔滨、吉林、佳木斯、库尔勒、齐齐哈尔、乌鲁木齐、银川、郑州、天津、保定、焦作 13 个城市室内温度合格标准为 20℃，其余 49 个城市居民室内温度合格标准为 18℃，比率达到 67%。协会统计的北方采暖地区实际供暖平均室内温度为 20.81℃，较 2020 年的统计结果提升 0.05℃，居民室内平均温度超过 20℃的供热企业数量占比约为 50%（图 3-23）。

3.4.3 热计量收费

在供热计量方面，北方地区 122 家供热企业已知收费类型公共建筑与居住建筑共计 34.1 亿 m²。其中，公共建筑按面积收费共计 6.9 亿 m²，按热计量收费共计 2.2 亿 m²，占公共建筑供热面积的 24%；居住建筑按面积收费共计 22.1 亿 m²，按热计量收费共计 2.8 亿 m²，占居住建筑供热面积的 11%。各

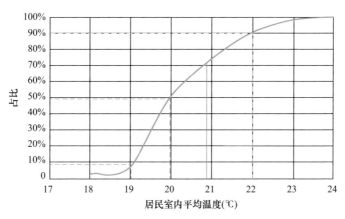

图 3-23　实际供暖居民室内平均温度占比情况

地不同收费类型供热面积统计如表 3-16 所示。

各省不同收费类型供热面积统计　　　表 3-16

省份 / 地区	公共建筑			居住建筑		
	按面积 收费供 热面积 （万 m²）	按热计量 收费供热 面积 （万 m²）	热计量 收费占比 （%）	按面积 收费供热 面积 （万 m²）	按热计量 收费供热 面积 （万 m²）	热计量 收费占比 （%）
北京	8059	7973	19.9	21150	2799	7.0
天津	3304	983	5.7	12465	376	2.2
河北	9889	1108	2.1	33192	7538	14.6
山西	8017	353	1.0	24530	4057	11.0
内蒙古	3888	122	0.8	11252	59	0.4
辽宁	6197	—	—	19248	—	—
吉林	4862	202	1.2	11137	—	—
黑龙江	5696	783	3.7	14768	118	0.6

续表

省份/地区	公共建筑			居住建筑		
	按面积收费供热面积（万 m^2）	按热计量收费供热面积（万 m^2）	热计量收费占比（%）	按面积收费供热面积（万 m^2）	按热计量收费供热面积（万 m^2）	热计量收费占比（%）
山东	9136	7258	12.4	37077	4947	8.5
河南	2296	1584	6.9	14265	4938	21.4
甘肃	2718	333	2.7	8363	949	7.7
宁夏	710	99	2.2	3525	81	1.8
新疆	4326	483	3.2	9431	903	6.0
南方地区企业	88	1000	33.2	308	1615	53.6

通过各地供热计量收费占比以及统计面积占各地的总供热面积比例推算，北方地区按照供热计量收费的公共建筑和居住建筑总面积分别约为 4.9 亿 m^2 和 5.8 亿 m^2。

3.4.4 未供及报停供热面积

2020—2021 供暖期 122 家供热企业可供供热面积 38.4 亿 m^2，实际供热面积 31.2 亿 m^2，未供及报停供热面积 7.2 亿 m^2，其中居民申请报停供热面积 4.3 亿 m^2，占统计面积的 11%。

通过协会近两年对各区域停供供热面积的统计结果来看，2020—2021 供暖期华中地区依旧是未供及报停供热面积占比最高的地区，占比为 31%，较上个供暖期下降了 4%；其次是华东、华北、东北和京津冀等地区，未供及报停供热面积占比基本与上个供暖期持平；西北地区停供供热面积占比由上个供暖期的 12% 下降到 5%（图 3-24）。分析报停率整体下降的较大可能原因是本供暖期受疫情的影响，人们减少了外出旅行，很多人选择居家，降低了报停率。

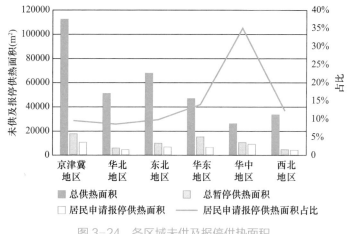

图 3-24　各区域未供及报停供热面积

3.4.5　供热量构成

2020—2021 供暖期，122 家供热企业所覆盖供热面积累计消耗热量 11.45 亿 GJ，平均每平方米 0.298GJ。其中，燃煤热电联产供热量占比 66.8%，燃气热电联产供热量占比 6.6%，燃煤锅炉供热量占比 13.0%，燃气锅炉供热量占比 9.8%，工业余热供热量占比 3.3%，热泵、生物质供热量占比 0.1%（图 3-25）。

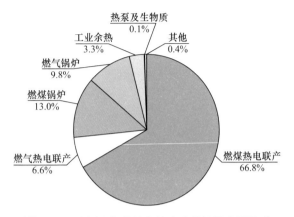

图 3-25　2021 年统计参填企业供热量来源构成

　　图 3-25 和图 3-5 相比，热源供热能力燃煤热电联产占比 58.4%，实际供热量占比达到 66.8%，燃气热电联产供热能力占比 4.5%，实际供热量占比为 6.6%，均有所增加；燃煤锅炉供热能力占比 15.6%，实际供热能力占比 13.0%，燃气锅炉供热能力占比 19.4%，实际供热能力占比 9.8%，均有所减少，说明在实际供热时，燃煤和燃气锅炉有一部分仅作为调峰锅炉投入使用。工业余热供热能力占比 1.0%，实际供热量占比 3.3%，说明工业余热有可能更多地作为基础热源在供热初末期即投入使用。

3.5　供热经营指标

3.5.1　人均供热面积

　　人均供热面积为企业总供热面积与企业总人数的比值。

2021 年，所有参与统计企业的正式职工总数为 6 万人，季节工、临时工人数为 2.1 万人。统计工作项目组分别对寒冷地区和严寒地区人均供热面积数据进行分析，结果如图 3-26 所示。

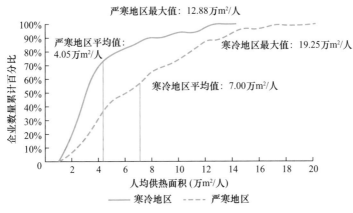

图 3-26　企业人均供热面积数据分布图

根据企业正式职工人数计算，人均供热面积为 6.35 万 m²/人，较 2020 年增加了 19%，说明供热企业加大了供热人力资源的利用率。其中人均供热面积超过 10 万 m² 的供热企业有 25 家。分气候区来看，寒冷地区人均供热面积最大值为 19.25 万 m²/人，最小值为 0.83 万 m²/人，平均值为 7.00 万 m²/人，中位数为 5.98 万 m²/人；严寒地区人均供热面积最大值为 12.88 万 m²/人，最小值为 1.16 万 m²/人，平均值为 4.05 万 m²/人，中位数为 3.25 万 m²/人。

考虑到参加统计工作的企业大部分属于当地管理水平相对较高的企业，由此估算行业正式职工人数应在 30 万~40 万人，加上非正式职工，估计行业从业人数约为 50 万人。

3.5.2 人均热费收入

人均热费收入根据企业居民热费收入、非居民热费收入以及企业正式职工人数计算得出。分别对寒冷地区和严寒地区人均热费收入数据进行分析，如图 3-27 所示。两个地区人均热费收入均出现极大值；寒冷地区比严寒地区数据相对分散，且整体数值大于严寒地区。

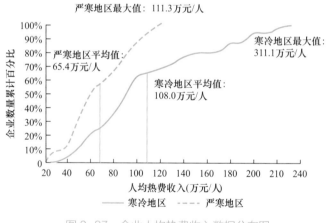

图 3-27 企业人均热费收入数据分布图

寒冷地区，63 家参填企业数据显示，人均热费收入最大值为 311.1 万元 / 人，最小值为 31.7 万元 / 人，平均值为 108.0 万元 / 人。

　　严寒地区，24 家参填企业数据显示，人均热费收入最大值为 111.3 万元 / 人，最小值为 25.0 万元 / 人，平均值为 65.4 万元 / 人。

　　上述数据对比，相对来说人均供热面积及人均热费收入严寒地区都比寒冷地区要低，分析原因有可能是严寒地区供热期长，劳动力投入较多。

3.5.3　平均供暖成本

　　平均供暖成本是供热企业重要的基础经营统计指标，统计企业从事供热主营业务所发生的成本与企业实际供热面积之比，通过计算得出的平均供暖成本可反映供热企业涉及能源消耗、人力和物力资源的经营管理水平。2021 年统计企业平均供暖成本为 28.58 元 /m²，寒冷地区平均供暖成本最大值为 55.33 元 /m²，最小值为 13.99 元 /m²，平均值为 27.84 元 /m²，中位数为 25.32 元 /m²；严寒地区平均供暖成本最大值为 43.23 元 /m²，最小值为 17.30 元 /m²，平均值为 27.23 元 /m²，中位数为 27.30 元 /m²（图 3-28）。

3.5.4　供热成本构成

　　供热成本是指供热企业生产、输配过程中直接发生的费用。协会对供热企业 2020—2021 供暖期的供热成本按原材料成本和其他成本分别进行了统计。其中原材料成本包括燃料成本、水电费，其他成本包括职工薪酬、固定资产折旧、环保投入、修理维护费、管理费用、财务费用等。

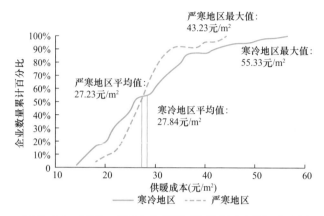

图 3-28 2020—2021 供暖期平均供暖成本数据分布图

从供热成本构成来看，全行业各类成本中占比从高到低依次为燃料（热力、燃煤、燃气等）成本、固定资产折旧、职工薪酬、水电费等，占比分别为 54.6%、16.3%、9.6% 和 4.8%，如图 3-29 所示。分地区看，寒冷地区燃料成本、固定资产折旧成本、环保投入、财务费用占比较严寒地区分别高 1.9%、

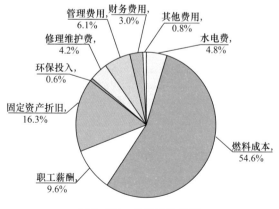

图 3-29 供热成本构成

2.6%、0.4% 和 0.9%，严寒地区职工薪酬、水电费、修理维护费、管理费用占比较寒冷地区分别高 2.7%、0.5%、2.3% 和 0.7%，如图 3-30 和图 3-31 所示。

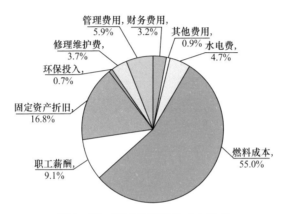

图 3-30　寒冷地区供热成本构成

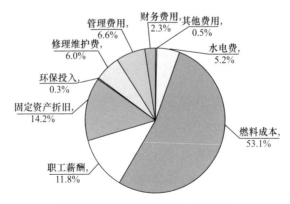

图 3-31　严寒地区供热成本构成

3.5.5　燃料费用占比

企业燃料费用包括外购热力费用和自产热力外购燃料费

用，燃料费用占比为燃料费用占企业总成本的比例。分别对寒冷地区和严寒地区燃料费用进行分析，严寒地区燃料费用占比平均值略低于寒冷地区，如图3-32所示。

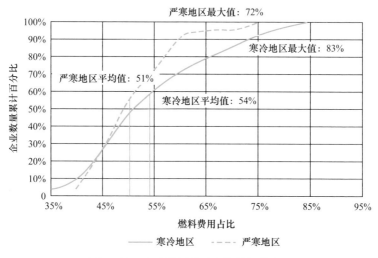

图3-32 企业燃料费用占比数据分布图

寒冷地区燃料费用占比最大值为83%，最小值为34%，平均值为54%，中位数为51%，数据集中在40%~60%。

严寒地区燃料费用占比最大值为72%，最小值为39%，平均值为51%，中位数为49%，数据集中在40%~60%。

3.5.6 固定资产折旧占比

根据企业填报数据，对供热成本中固定资产折旧占比分寒冷地区和严寒地区进行分析，如图3-33所示。

寒冷地区固定资产折旧费用占比最大值为35.3%，最小

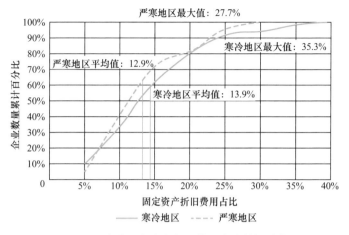

图 3-33　企业固定资产折旧费用占比数据分布图

值为 0.6%，平均值为 13.9%，中位数为 12.6%，数据集中在
10%～20%。

严寒地区固定资产折旧费用占比最大值为 27.7%，最小
值为 3.8%，平均值为 12.9%，中位数为 12.3%，数据集中在
10%～20%。

3.5.7　职工薪酬占比

根据企业填报数据，对供热成本中职工薪酬占比分寒冷地
区和严寒地区进行分析，如图 3-34 所示。

寒冷地区职工薪酬费用占比最大值为 29.0%，最小值为
1.0%，平均值为 8.6%，中位数为 7.3%，数据集中在 4%～12%。

严寒地区职工薪酬费用占比最大值为 19.1%，最小值为
3.6%，平均值为 11.0%，中位数为 11.2%，数据集中在 10%～12%。

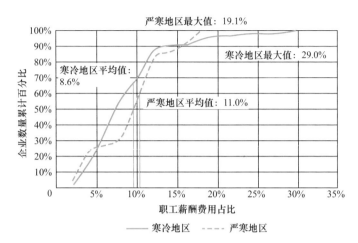

图 3-34　企业职工薪酬费用占比数据分布图

3.5.8　水电费占比

根据企业填报数据，对供热成本中水电费占比分寒冷地区和严寒地区进行分析，如图 3-35 所示。

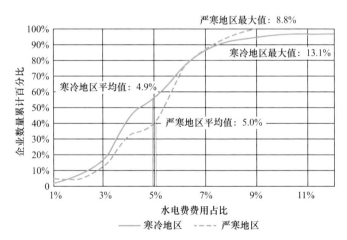

图 3-35　企业水电费费用占比数据分布图

　　寒冷地区水电费费用占比最大值为 13.1%，最小值为 0.4%，平均值为 4.9%，中位数为 4.4%，数据集中在 3%～7%。

　　严寒地区水电费费用占比最大值为 8.8%，最小值为 0.8%，平均值为 5.0%，中位数为 5.5%，数据集中在 4%～7%。

3.6　供热能耗指标

3.6.1　热源

1. 热源折算单位面积耗热量

　　热源单位面积耗热量为企业填报的热源供热量与实际供热面积之比。由于不同气候区建筑围护结构设计建造时已经考虑了室外温度影响，因此对计算获得的热源单位面积耗热量按照同一供暖天数折算，以获取企业热源折算单位面积耗热量，如此折算后方可进行统一比较。本报告按照供暖天数为 121d 对各企业热源折算单位面积耗热量进行了折算，如图 3-36 所示。

　　企业热源折算单位面积耗热量最大值为 $0.503GJ/m^2$，最小值为 $0.183GJ/m^2$，平均值为 $0.310GJ/m^2$，中位数为 $0.297GJ/m^2$，整体数据较为集中，主要在 $0.25～0.35GJ/m^2$。

2. 单位供热量燃煤消耗量

　　单位供热量燃煤消耗量为燃煤消耗总量与供热总量的比值，分热电联产调峰锅炉房和区域供热锅炉房分别统计，结果如图 3-37 所示。

　　单位供热量燃煤消耗量最大值为 65.2kgce/GJ，最小值

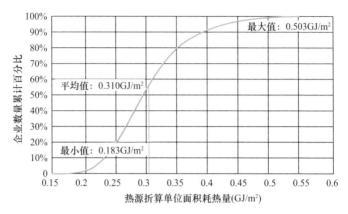

图 3-36   热源折算单位面积耗热量数据分布图

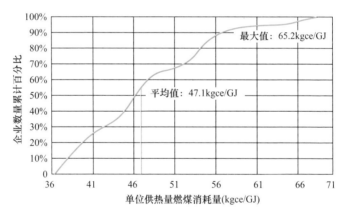

图 3-37   单位供热量燃煤消耗量数据分布图

分别为 36.7kgce/GJ，平均值分别为 47.1kgce/GJ，中位数为 45.5kgce/GJ，数据集中在 38～48kgce/GJ。

根据《供热系统节能改造技术规范》GB/T 50893—2013（以下简称 GB/T 50893）要求，燃煤锅炉单位供热量燃料消耗量小于 48.7kgce/GJ，参加统计企业的锅炉符合率为

61.4%；《民用建筑能耗标准》GB/T 51161—2016（以下简称
GB/T 51161）对燃煤锅炉单位供热量燃料消耗量的约束值为
43kgce/GJ，参加统计企业的锅炉符合率为 32.0%。

　　根据燃煤锅炉单位供热量燃煤消耗量进行锅炉效率换算，
结果如图 3-38 所示。燃煤锅炉效率最大值为 93.0%，最小值
为 52.3%，平均值为 74.1%，中位数为 75%。

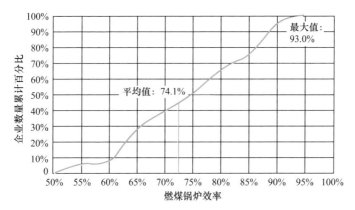

图 3-38　热源燃煤锅炉效率数据分布图

3. 燃煤锅炉单位面积燃煤消耗量

　　燃煤锅炉单位面积燃煤消耗量为区域锅炉房燃煤消耗总量与
区域锅炉房实际供热面积的比值。根据企业统计数据对其进行
测算，分寒冷地区和严寒地区分别统计，结果如图 3-39 所示。

　　寒冷地区燃煤锅炉单位面积燃煤消耗量最大值为 25.8kgce/
m²，最小值为 9.0kgce/m²，平均值为 15.8kgce/m²，中位数为
14.4kgce/m²。

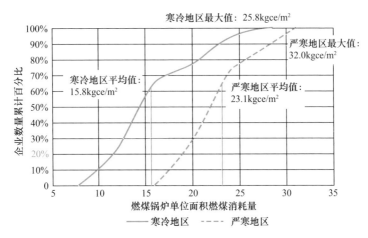

图 3-39　燃煤锅炉单位面积燃煤消耗量数据分布图

严寒地区燃煤锅炉单位面积燃煤消耗量最大值为 32.0kgce/m²，最小值为 16.5kgce/m²，平均值为 23.1kgce/m²，中位数为 22.2kgce/m²。

两类地区的平均值均满足 GB/T 50893 对供暖建筑单位面积燃煤消耗量 12～18kgce/m²、9～26kgce/m² 的要求，最大值均远超出 GB/T 50893 的要求。

4. 单位供热量燃气消耗量

根据企业填报数据，将其填报的燃气消耗量折算为标气消耗量，单位供热量燃气消耗量为标气消耗总量与供热总量的比值，包括热电联产调峰锅炉房和区域供热锅炉房数据，如图 3-40 所示。热源单位供热量燃气消耗量最大值为 31.9Nm³/GJ，最小值为 26.1Nm³/GJ，平均值为 28.8Nm³/GJ，中位数为

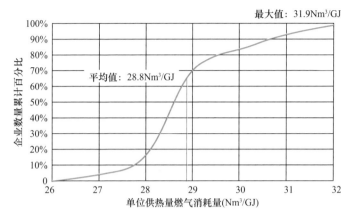

图 3-40 单位供热量燃气消耗量数据分布图

$28.6Nm^3/GJ$，数据集中在 $27\sim30Nm^3/GJ$。

GB/T 50893 对热源燃气锅炉单位供热量燃气消耗量的要求是不大于 $31.2Nm^3/GJ$，参加统计企业的锅炉符合率为 95%；GB/T 51161 对该指标的约束值为 $32Nm^3/GJ$，参加统计企业的锅炉符合率为 100%；引导值为 $29Nm^3/GJ$，参加统计企业的锅炉符合率为 70%。

根据燃气锅炉单位供热量燃气消耗量进行锅炉效率换算，结果如图 3-41 所示。

热源燃气锅炉效率最大值为 107.7%，最小值为 88.2%，平均值为 97.8%，中位数为 98.3%。

5. 燃气锅炉单位面积燃气消耗量

区域锅炉房燃气锅炉单位面积燃气消耗量为区域锅炉房标气消耗总量与其实际供热面积的比值。根据企业填报数据，将其折算到标气消耗量，分寒冷地区、严寒地区分别统计，寒冷地区数据整体明显低于严寒地区，如图 3-42 所示。

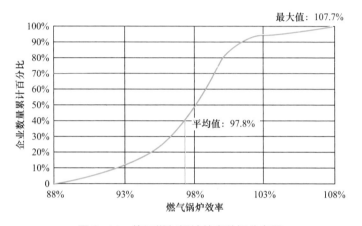

图 3-41　热源燃气锅炉效率数据分布图

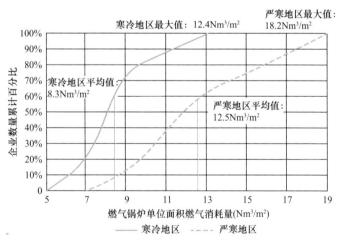

图 3-42　燃气锅炉单位面积燃气消耗量数据分布图

寒冷地区燃气锅炉单位面积燃气消耗量最大值为 12.4Nm³/m²，

最 小 值 为 5.5Nm^3/m^2，平 均 值 为 8.3Nm^3/m^2，中 位 数 为 7.6Nm^3/m^2。

严寒地区燃气锅炉单位面积燃气消耗量最大值为 18.2Nm^3/m^2，最小值为 7.9Nm^3/m^2，平均值为 12.5Nm^3/m^2，中位数为 12.0Nm^3/m^2。

两个地区的平均值均满足 GB/T 50893 对供暖建筑单位面积燃气消耗量 8～12Nm^3/m^2、12～17Nm^3/m^2 的要求，最大值稍超 GB/T 50893 的上限要求。

3.6.2　热网

1．一次网平均供水温度

根据企业填报数据，对一次网平均供水温度分寒冷地区和严寒地区进行分析，如图 3-43 所示。

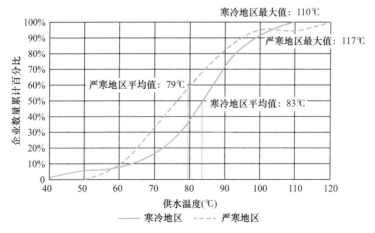

图 3-43　企业一次网平均供水温度数据分布图

　　寒冷地区企业一次网平均供水温度最大值为110℃，最小值为47℃，平均值为83℃，中位数为85℃。严寒地区企业一次网平均供水温度最大值为117℃，最小值为54℃，平均值为79℃，中位数为77℃。企业一次网平均供水温度集中在70～90℃，寒冷地区一次管网供水温度明显高于严寒地区。

　　2. 一次网平均回水温度

　　根据企业填报数据，对一次网平均回水温度分寒冷地区和严寒地区进行分析，如图3-44所示。

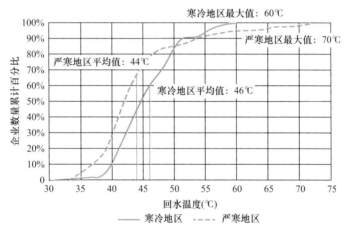

图3-44　企业一次网平均回水温度数据分布图

　　寒冷地区一次网回水温度最大值为60℃，最小值为32℃，平均值为46℃，中位数为45℃；严寒地区一次网回水温度最大值为70℃，最小值为35℃，平均值为44℃，中位数为43℃。一次网回水温度集中在40～50℃。

3. 热网热量输送效率

热网热量输送效率以一次网平均回水温度和一次网平均供水温度为基础数据，通过计算来评价，计算公式见下式。

$$\eta = \left(1 - \frac{\text{一次网平均回水温度} - \text{室温}}{\text{一次网平均供水温度} - \text{室温}}\right) \times 100\%$$

其中，室温取 20℃。

以企业填报的一次网平均供水温度、回水温度计算热网热量输送效率，结果如图 3-45 所示。

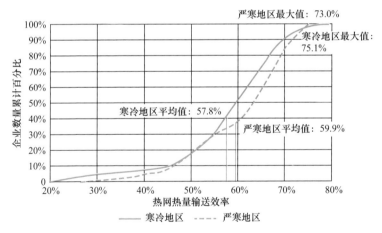

图 3-45　热网热量输送效率数据分布图

寒冷地区热网热量输送效率最大值为 75.1%，最小值为 22.5%，平均值为 57.8%，中位数为 60.0%；严寒地区热网热量输送效率最大值为 73.0%，最小值为 30.0%，平均值为 59.9%，中位数为 62.2%。企业一次网热量输送效率集中在 50%~70%。

4. 一次网单位面积补水量

一次网单位面积补水量为供暖期内平均每月保障供暖系统正常运行一次网的补水量与供热面积之比，不包括供暖系统初始上水量。根据企业填报数据，分热电联产供热和区域供热房供热对其分析，如图 3-46 所示。

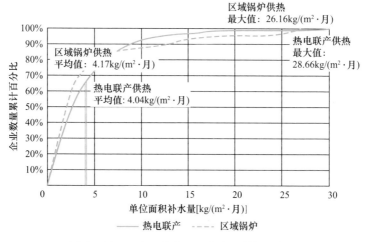

图 3-46　一次网单位面积补水量数据分布图

热电联产供热一次网单位面积补水量最大值为 28.66kg/（m²·月），最小值为 0.04kg/（m²·月），平均值为 4.04kg/（m²·月），中位数为 2.45kg/（m²·月）；区域锅炉房供热一次网单位面积补水量最大值为 26.16kg/（m²·月），最小值为 0.02kg/（m²·月），平均值为 4.17kg/（m²·月）。一次网单位面积补水量集中在 3～9kg/（m²·月）。

3.6.3　热力站

1. 折算单位面积耗热量

本报告按照供暖天数为 121d 对各企业设计工况下热力站单位面积耗热量再次进行折算，结果如图 3-47 所示。

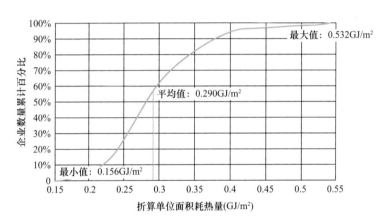

图 3-47　折算单位面积耗热量数据分布图

热力站折算单位面积耗热量最大值为 $0.532GJ/m^2$，最小值为 $0.156GJ/m^2$，平均值为 $0.290GJ/m^2$。整体数据较为集中，主要在 $0.24\sim0.36GJ/m^2$。

2. 单位面积耗电量

热力站耗电量为各种泵如循环泵、补水泵、加压泵等设备的耗电量。根据企业填报数据，统计结果如图 3-48 所示。热力站单位面积耗电量最大值为 $0.50kWh/（m^2 \cdot 月）$，最小值为 $0.04kWh/（m^2 \cdot 月）$，平均值为 $0.26kWh/（m^2 \cdot 月）$，中位数为 $0.26kWh/（m^2 \cdot 月）$，数据集中在 $0.2\sim0.4kWh/（m^2 \cdot 月）$。

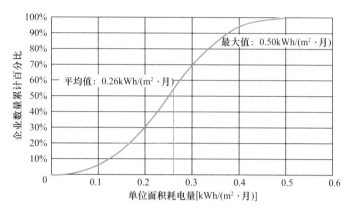

图 3-48 热力站单位面积耗电量数据分布图

3. 单位供热量耗电量

根据企业填报数据，单位供热量耗电量统计结果如图 3-49 所示。热力站单位供热量耗电量最大值为 8.62kWh/GJ，最小值为 0.36kWh/GJ，平均值为 3.49kWh/GJ，中位数为 3.38kWh/GJ，数据集中在 1~5kWh/GJ。

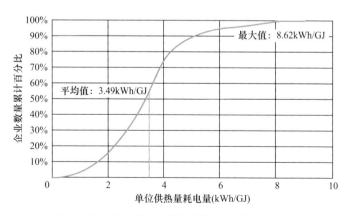

图 3-49 热力站单位供热量耗电量数据分布图

4. 单位面积补水量

热力站单位面积补水量为供暖期内保障供暖系统正常运行二次网平均每月的补水量与供热面积之比，统计结果如图 3-50 所示。

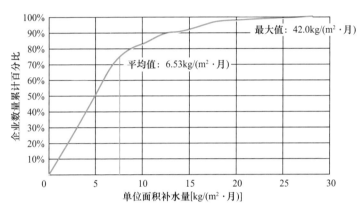

图 3-50　二次网单位面积补水量数据分布图

热力站单位面积补水量最大值为 42.00kg/（m² · 月），最小值为 0.02kg/（m² · 月），平均值为 6.53kg/（m² · 月），中位数为 5.00kg/（m² · 月）。

第**4**章

城镇供热行业能效领跑

根据 2020—2021 供暖期统计结果，协会从企业人员管理效率、热源、热网、热力站及综合能效等方面对企业指标进行评比，发布指标行业先进水平及优秀企业排名，鼓励企业相互对标学习，促进行业健康发展。

4.1 排名范围

参与排名的企业须满足以下条件：

（1）参加协会 2020—2021 年统计工作的供热企业会员单位。

（2）企业供热面积在 1000 万 m^2 以上。

（3）企业基础指标统计完整。

最终，参与排名的企业包含寒冷地区和夏热冬冷地区供热企业 61 家，严寒地区供热企业 30 家。

4.2 运营指标设定

2022 年排名指标包括人均供热面积（万 m^2/ 人）、（燃煤锅炉）热源效率（kgce/GJ）、（燃气锅炉）热源效率（Nm^3/GJ）、工业余热供热能力（MW）、热网热量输送效率（%）、热力站单位面积耗热量（GJ/m^2）、热力站单位面积耗电量 [kWh/（$m^2 \cdot$ 月）]、热力站单位面积补水量 [kg/（$m^2 \cdot$ 月）]、标杆热力站、供热行业能效领跑者等十项。

4.3 2022 年度指标排名规则

4.3.1 人均供热面积

1. 排名条件

（1）企业供热面积、企业总人数统计完整。

（2）人均供热面积按企业直管到户供热面积与实际供热面积之比进行折算。

（3）以企业供热面积 5000 万 m^2 为界，按企业数量多少，供热面积 5000 万 m^2 以上的，取人均供热面积最大值前 5 名；供热面积 5000 万 m^2 以下的，取人均供热面积最大值前 6 名。

2. 排名结果

共计 11 家企业入选。供热面积 5000 万 m^2 以上的企业中，寒冷地区和严寒地区人均供热面积最大值分别为 12.6 万 m²/ 人、5.5m²/ 人；供热面积 5000 万 m² 以下的企业中，寒冷地区和严寒地区人均供热面积最大值分别为 16.5 万 m²/ 人、11.6 万 m²/ 人（图 4-1）。

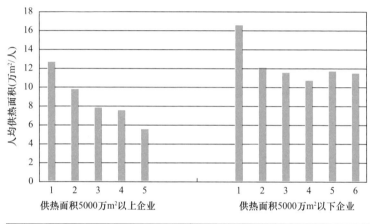

排名	供热面积5000万m²以上企业	供热面积5000万m²以下企业
1	郑州市热力集团有限公司（寒冷地区）	临沂市新城热力集团有限公司（寒冷地区）
2	天津能源投资集团有限公司（寒冷地区）	宁夏电投热力有限公司（寒冷地区）
3	长治市城镇热力有限公司（寒冷地区）	建投河北热力有限公司（寒冷地区）
4	中电洲际环保科技发展有限公司（寒冷地区）	天津泰达津联热电有限公司（寒冷地区）
5	京能大同热力有限公司（严寒地区）	中环寰慧（酒泉）节能热力有限公司（严寒地区）
6		宝石花热力有限公司（严寒地区）

图 4-1　人均供热面积优秀供热企业排名

4.3.2 （燃煤锅炉）热源效率

1. 排名条件

（1）企业热电联产调峰锅炉或区域供热燃煤锅炉单位供热量燃煤消耗量统计完整。

（2）根据企业燃煤锅炉（调峰锅炉、区域锅炉）单位供热量燃煤消耗量统计值，取最低前 5 名。

2. 排名结果

共计 5 家企业入选，单位供热量燃煤消耗量最低值为36.7kgce/GJ（图 4-2）。

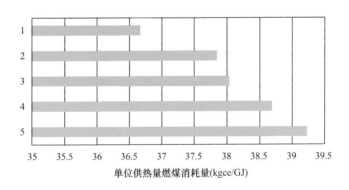

排名	企业名称
1	天津能源投资集团有限公司
2	济南热力集团有限公司
3	济南热电有限公司
4	赤峰富龙热力有限责任公司
5	辽源市热力集团有限公司

图 4-2　单位供热量燃煤消耗量优秀企业排名

4.3.3 (燃气锅炉)热源效率

1. 排名条件

(1)企业热电联产调峰锅炉或区域供热燃气锅炉单位供热量燃气消耗量有完整统计数据。

(2)根据企业燃气锅炉(调峰锅炉、区域锅炉)单位供热量燃气消耗量统计值,取最低前5名。

2. 排名结果

共计5家企业入选,单位供热量燃气消耗量最低值为26.50Nm³/GJ(图4-3)。

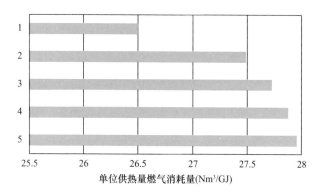

排名	企业名称
1	北京北燃热力有限公司
2	宝石花热力有限公司
3	西安市热力集团有限责任公司
4	北京金房暖通节能技术股份有限公司
5	青岛能源热电有限公司

图4-3 单位供热量燃气消耗量优秀企业排名

4.3.4　工业余热供热能力

1. 排名条件

（1）企业统计了工业余热供热能力相关数据。

（2）取工业余热供热能力最大前 5 名。

2. 排名结果

共计 5 家企业入选，工业余热供热能力最大值为 467MW
（图 4-4）。

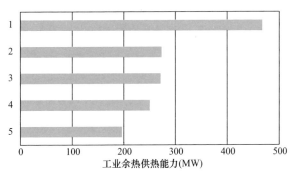

排名	企业名称
1	包头市热力（集团）有限责任公司
2	长春经济技术开发区供热集团有限公司
3	中电洲际环保科技发展有限公司
4	唐山市热力集团有限公司
5	建投河北热力有限公司

图 4-4　工业余热供热能力优秀企业排名

4.3.5　管网热量输送效率

1. 排名条件

（1）企业统计了一次网平均供水温度和一次网平均回水温

度数据。

（2）对一次网按照 1-（平均回水温度 -20）/（平均供水温度 -20）×100% 计算热网热量输送效率。

（3）以企业供热面积 5000 万 m² 为界，分别取热网热量输送效率最大前 5 名。

2. 排名结果

共计 10 家企业入选，供热面积 5000 万 m² 以上企业中，热网热量输送效率最大值为 73.7%；供热面积 5000 万 m² 以下企业中，热网热量输送效率最大值为 73.0%（图 4-5）。

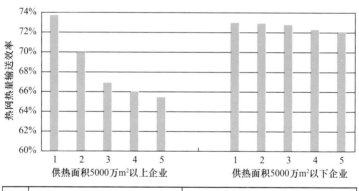

排名	供热面积5000万m²以上企业	供热面积5000万m²以下企业
1	承德热力集团有限责任公司	牡丹江热电有限公司
2	沈阳惠天热电股份有限公司	北京京能热力发展有限公司
3	郑州热力集团有限公司	沧州热力有限公司
4	太原市热力集团有限责任公司	青岛顺安热电有限公司
5	吉林省春城热力股份有限公司	吉林市热力集团有限公司

图 4-5 热网热量输送效率优秀企业排名

4.3.6　热源折算单位面积耗热量

1. 排名条件

（1）企业统计了热源供热量和实际供热面积相关数据。

（2）根据企业统计供热量和实际供热面积获得热源单位面积耗热量。

（3）对热源单位面积耗热量按照北京市法定供暖天数 121 天进行标准天数折算，获得企业热源（折算）单位面积耗热量。

（4）对折算后的热源单位面积耗热量分寒冷地区和严寒地区分别取最低前 5 名。

2. 排名结果

共计 10 家企业入选，寒冷地区和严寒地区热源单位面积耗热量最低值分别为 $0.183GJ/m^2$ 和 $0.231GJ/m^2$（图 4-6）。

4.3.7　热力站单位面积耗电量

1. 排名条件

（1）企业热力站单位面积耗电量、供暖期实际供暖天数统计完整。

（2）将企业热电联产供热和区域供热热力站单位面积耗电量通过面积加权获得企业热力站单位面积耗电量平均值。

（3）将企业热力站单位面积耗电量根据实际供暖天数折算至热力站每月单位面积耗电量。

（4）对每月单位面积耗电量取最低前 10 名。

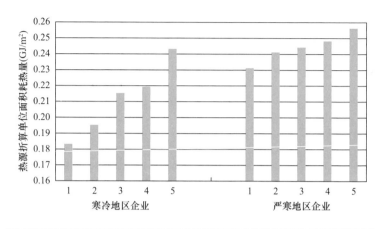

排名	寒冷地区企业	严寒地区企业
1	北京纵横三北热力科技有限公司	赤峰富龙热力有限责任公司
2	临沂市新城热力集团有限公司	捷能热力电站有限公司
3	天津泰达津联热电有限公司	哈尔滨哈投投资股份 有限公司供热公司
4	锦州热力（集团）有限公司	乌鲁木齐华源热力股份有限公司
5	中环寰慧（焦作）节能 热力有限公司	吉林省春城热力股份有限公司

图4-6 热源折算单位面积耗热量优秀企业排名

2. 排名结果

共10家企业入选，热力站每月单位面积耗电量最低值为0.040kWh/（m²·月）（图4-7）。

4.3.8 热力站单位面积补水量

1. 排名条件

（1）企业统计热力站每月单位面积补水量。

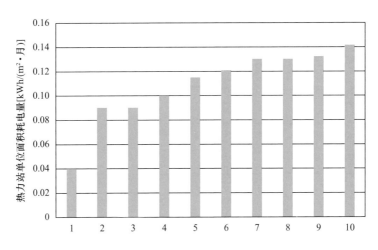

排名	寒冷地区企业	排名	严寒地区企业
1	牡丹江热电有限公司	6	承德热力集团有限责任公司
2	赤峰富龙热力有限责任公司	7	淄博市热力集团有限责任公司
3	哈尔滨哈投投资股份 有限公司供热公司	8	国家电投集团东北电力有限公司 大连大发能源分公司
4	泰安市泰山城区热力有限公司	9	乌鲁木齐华源热力股份有限公司
5	天津泰达津联热电有限公司	10	辽源市热力集团有限公司

图 4-7　热力站每月单位面积耗电量优秀企业排名

（2）将企业热电联产供热和区域供热热力站每月单位面积补水量通过面积加权获得企业热力站每月单位面积补水量平均值。

（3）对每月单位面积补水量取最低前 10 名。

2. 排名结果

共 10 家企业入选，热力站每月单位面积补水量最低值为 0.35kg/（m² · 月）（图 4-8）。

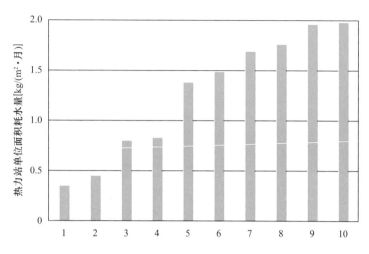

排名	寒冷地区	排名	严寒地区
1	山西康庄热力有限公司	6	济南热力集团有限公司
2	乌鲁木齐华源热力股份有限公司	7	泰安市泰山城区热力有限公司
3	唐山市丰南区鑫丰热力有限公司	8	捷能热力电站有限公司
4	牡丹江热电有限公司	9	北京市热力集团有限责任公司
5	洛阳热力有限公司	10	济南热电有限公司

图 4-8　热力站单位面积补水量优秀企业排名

4.3.9　标杆热力站

1. 排名条件

（1）企业标杆热力站实际供热面积、供热量、耗电量、补水量统计完整。

（2）以标杆热力站法定供暖期供热量和实际供热面积计算得出单位面积耗热量，再将其按北京市法定供暖天数 121 天进行标准天数折算，得出折算单位面积耗热量；以耗电量、补水量、实际供热面积和法定供暖天数计算得出每月单位面积耗电量、每月单位面积补水量。

（3）标杆热力站单位面积耗热量、每月单位面积耗电量、每月单位面积补水量均满足国家标准要求。

（4）按统一热价、电价和水价对标杆热力站折算单位面积耗热量、每月单位面积耗电量、每月单位面积补水量进行计算，121 天经济指标≤10 元的标杆热力站入选。

2. 排名结果

共 22 个热力站入选，如表 4-1 所示。

2022 年度供热行业标杆热力站名单　　　表 4-1

序号	供热企业名称	标杆热力站
1	国家电投集团东北电力有限公司大连开热分公司	海中国六期换热站
2	哈尔滨哈投投资股份有限公司供热公司	嵩山国际站
3	吉林省春城热力股份有限公司	政协花园热力站
4	锦州热力（集团）有限公司	工业园管理站永和国际泵站
5	牡丹江热电有限公司	江达国际花园换热站
6	齐齐哈尔阳光热力集团有限责任公司	金融街换热站
7	长春市供热（集团）有限公司	明珠 3 号站
8	包头市热力（集团）有限责任公司	友谊花园热力站
9	济南热力集团有限公司	华阳郡换热站
10	临沂市新城热力集团有限公司	新方嘉园热力站
11	泰安市泰山城区热力有限公司	东华园换热站

序号	供热企业名称	标杆热力站
12	安阳益和热力有限责任公司	网通小区热力站
13	法电（三门峡）城市供热有限公司	汇景新城小区低区
14	郑州热力集团有限公司	绿洲云顶热力站
15	北京市热力集团有限责任公司	东山公寓热力站
16	承德热力集团有限责任公司	滦平县龙宇热力育才苑 B 站
17	秦皇岛市富阳热力有限责任公司	汤河铭筑换热站
18	天津能源投资集团有限公司	三诚里南区热力站
19	兰州热力集团有限公司	天泰世纪家园热力站
20	宁夏电投热力有限公司	湖畔家园 4 号站
21	乌鲁木齐华源热力股份有限公司	水墨嘉苑小区 4 号换热站
22	西安瑞行城市热力发展集团有限公司	南长换热站

4.3.10　供热行业能效领跑者

1. 排名条件

（1）企业供热量、实际供热面积、热源折算单位面积耗热量、热力站单位面积耗电量、热力站单位面积补水量、一次网平均供水温度、一次网平均回水温度统计完整。

（2）对热源折算单位面积耗热量、热力站每月单位面积补水量、热力站每月单位面积耗电量、热网热量输送效率和该项指标的行业第一名对比后打分，确定企业每项指标得分。

（3）将热源折算单位面积耗热量、热力站每月单位面积补水量、热力站每月单位面积耗电量和热网热量输送效率的单项得分按照 0.4、0.25、0.15 和 0.2 的权重计算企业总得分，从高到低取得分前 25% 的企业为行业能效领跑者。

2. 排名结果

共 30 家企业入选，供热面积 5000 万 m^2 以上的企业 10 家，供热面积 5000 万 m^2 以下的企业 20 家，如表 4-2、表 4-3 所示。

2022 年度供热行业能效领跑排行榜（供热面积 5000 万 m^2 以上）

表 4-2

排名	供热企业名称
1	吉林省春城热力股份有限公司
2	承德热力集团有限责任公司
3	京能大同热力有限公司
4	北京市热力集团有限责任公司
5	天津能源投资集团有限公司
6	太原市热力集团有限责任公司
7	乌鲁木齐热力（集团）有限公司
8	长治市城镇热力有限公司
9	济南热电有限公司
10	郑州热力集团有限公司

2022 年度供热行业能效领跑排行榜（供热面积 5000 万 m^2 以下）

表 4-3

排名	供热企业名称
1	乌鲁木齐华源热力股份有限公司
2	牡丹江热电有限公司
3	哈尔滨哈投投资股份有限公司供热公司

续表

排名	供热企业名称
4	赤峰富龙热力有限责任公司
5	捷能热力电站有限公司
6	长春市供热（集团）有限公司
7	天津泰达津联热电有限公司
8	包头市热力（集团）有限责任公司
9	临沂市新城热力集团有限公司
10	包头市华融热力有限责任公司
11	齐齐哈尔阳光热力集团有限责任公司
12	长春经济技术开发区供热集团有限公司
13	新疆和融热力有限公司
14	吉林市热力集团有限公司
15	洛阳热力有限公司
16	泰安市泰山城区热力有限公司
17	青岛顺安热电有限公司
18	辽宁华兴热电集团有限公司
19	北京京能热力发展有限公司
20	呼和浩特市城发供热有限责任公司

第5章

统计数据变化分析

5.1 统计指标数据 5 年变化

5.1.1 企业管理效率统计指标

人均供热面积是评价供热企业人员管理效率的重要指标。协会对连续 5 年参加统计工作的 27 家供热企业人均供热面积进行了统计，结果如图 5-1 所示。5 年来寒冷地区和严寒地区

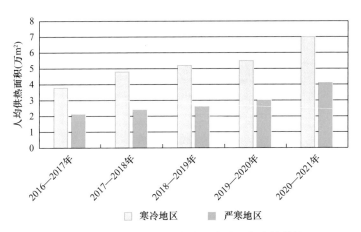

图 5-1 参加统计的 27 家供热企业连续 5 年人均供热面积

平均人均供热面积均增长了近一倍,寒冷地区已经由 5 年前人均 3.8 万 m^2 上升至本年度近 7 万 m^2,严寒地区由 5 年前人均 2.1 万 m^2 上升至本年度 4.1 万 m^2。

人均供热面积与供热企业的运营方式直接相关,一般而言,供热企业直管到户的比例越高,需投入的人力越多,人均供热面积数值越低。统计结果显示,2021 年企业平均直管到户的供热面积占比为 77%。直管到户比例较大的前 5 个省份分别是新疆、吉林、辽宁、内蒙古和黑龙江,而这 5 个省份地处严寒地区,也造成严寒地区人均供热面积显著低于寒冷地区(图 5-2)。

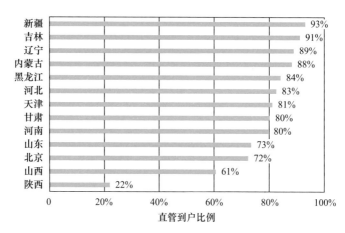

图 5-2　2021 年不同省份供热企业直管到户比例

5.1.2　企业经营统计指标

近年来随着原材料、能源及人工成本持续上涨,供热企业平均供暖成本增幅明显。根据协会对连续 5 年参加统计工作企业的平均供暖成本统计结果，寒冷地区平均供暖成本由 30.2 元 /m² 增加到 32.5 元 /m²，增加了 8%；严寒地区由 26.0 元增加到 26.8 元，增加了 3%（图 5-3）。供热成本的逐年增加致使整个行业上下游价格倒挂现象严重程度加大，进一步挤压了供热企业的生存空间。

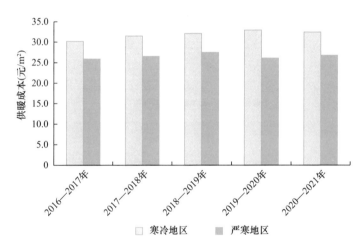

图 5-3　参加统计的 27 家供热企业连续 5 年平均供暖成本

5.1.3　企业能耗统计指标

1. 热源单位供热量燃料消耗量

统计结果显示，5 年来连续参加统计的供热企业热源单位供热量燃料消耗量平均值逐渐下降。

2017—2021 年，燃煤锅炉单位供热量燃煤消耗量平均值由 2017 年的 49.5kgce/GJ 下降至 2021 年的 43.7kgce/GJ，下降了

11.7%，已满足 GB/T 50893 对该指标不大于 48.7kgce/GJ 的要求，接近 GB/T 51161 的约束值（43kgce/GJ），燃煤锅炉效率由69% 提升至 78%，效率最高可达 94%（图 5-4、图 5-5）。

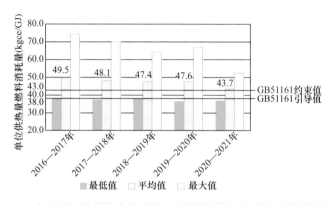

图 5-4　参加统计的供热企业连续 5 年燃煤锅炉单位供热量燃煤消耗量

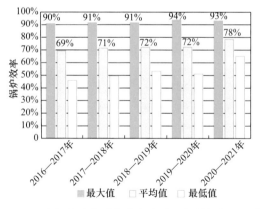

图 5-5　参加统计的供热企业连续 5 年燃煤锅炉效率

燃气锅炉单位供热量燃气消耗量平均值由 2017 年的 30.2Nm³/GJ 下降至 2021 年的 28.7Nm³/GJ，下降了 5%，均满足 GB/T 50893 对该指标不大于 31.2Nm³/GJ 和 GB/T 51161 约束值（32Nm³/GJ）的要求，且低于 GB/T 51161 提出的引导值（29Nm³/GJ）。燃气锅炉效率由 93% 增加至 98%，效率最高可达 101%（图 5-6、图 5-7）。

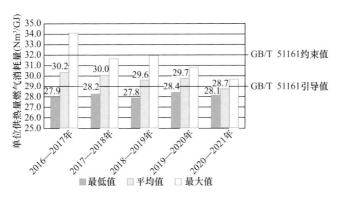

图 5-6　参加统计的供热企业连续 5 年燃气锅炉单位供热量燃气消耗量

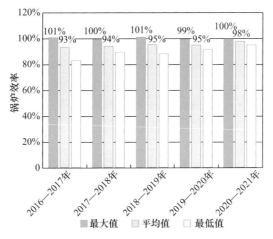

图 5-7　参加统计的供热企业连续 5 年燃气锅炉效率

2. 一次网平均回水温度

降低一次网回水温度是实现能源梯级利用、提高供热系统管网能效、提升现有管网热量输送能力的有效途径。协会自2019年开始对供热企业一次网平均回水温度进行统计，2021年寒冷地区和严寒地区供热企业一次网平均回水温度分别为44.5℃和40.5℃，分别较2019年降低1.9℃和2.4℃，下降率为4.2%和5.7%（图5-8、图5-9）。

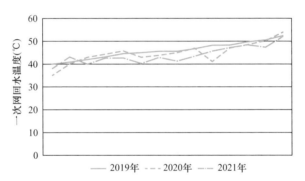

图5-8 2019—2021年寒冷地区供热企业一次网平均回水温度

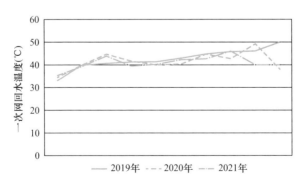

图5-9 2019—2021年严寒地区供热企业一次网平均回水温度

3. 热力站单位面积耗电量

统计结果显示，连续 5 年参加统计工作的 27 家供热企业热力站每月单位面积耗电量处于较低水平，5 年平均值在 0.21~0.23kWh/（m²·月），满足 GB/T 50893 的要求，均低于 GB/T 51161 引导值。企业热力站每月单位面积耗电量最低仅为 0.04kWh/（m²·月）（图 5-10）。

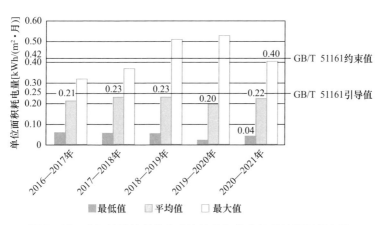

图 5-10 参加统计的供热企业连续 5 年热力站单位面积耗电量

4. 全网综合热单耗

受新冠肺炎疫情时各地供暖期普遍延长的影响，北方供暖地区供热系统综合单耗总体呈现先增后降的发展趋势，如表 5-1 所示。

2020—2021 供暖期，热源单位面积耗热量由上个供暖期的 0.376GJ/m² 降低到 0.367GJ/m²，降低了 2.4%，较 2018—

近三个供暖期部分省份全网综合单耗（单位：GJ/m²）

表 5-1

省份	2018—2019 供暖期	2019—2020 供暖期	2020—2021 供暖期
北京	0.262	0.273	0.274
天津	0.331	0.340	0.350
河北	0.371	0.375	0.390
山西	0.267	0.367	0.361
河南	0.333	0.316	0.294
山东	0.348	0.347	0.320
陕西	0.331	0.343	0.317
寒冷地区加权平均	0.316	0.338	0.333
内蒙古	0.458	0.437	0.453
辽宁	0.378	0.366	0.371
吉林	0.416	0.408	0.394
甘肃	0.450	0.433	0.435
黑龙江	0.449	0.537	0.483
新疆	0.533	0.514	0.495
严寒地区加权平均	0.440	0.447	0.434
全国加权平均	0.358	0.376	0.367

注：全网综合单耗是统计供热范围内全部热源总耗热量除以其实际供热面积，热源耗热量含外购热量和自有热源燃料消耗热量，数据统计后没有经过处理，直接采用。

2019 供暖期增加 2.5%。寒冷地区，热源单位面积耗热量由 0.338GJ/m² 降低到 0.333GJ/m²，降低了 1.5%，较 2018—2019 供暖期增加了 5.4%；严寒地区，热源单位面积耗热量由

0.447GJ/m² 降低到 0.434GJ/m²，降低了 2.9%，较 2018—2019
供暖期降低了 1.4%。若供热管网热损失按照 15% 估算，剔除
热损失后可计算得出各地供热建筑单位面积实际耗热量，将其
值与 GB/T 51161 的约束值、引导值进行对比，结果如图 5-11
和图 5-12 所示。可见寒冷地区仅北京（2018—2019 供暖期、
2019—2020 供暖期和 2020—2021 供暖期）、山西（2018—
2019 供暖期）单位面积耗热量低于国家标准规定的当地约束
值；严寒地区仅辽宁和吉林（2018—2019 供暖期、2019—
2020 供暖期和 2020—2021 供暖期）、黑龙江（2018—2019 供
暖期）单位面积耗热量低于当地约束值。

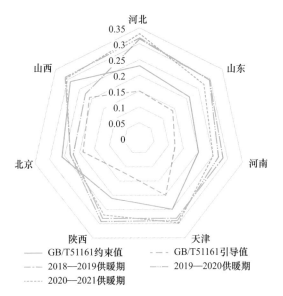

图 5-11　近三个供暖期寒冷地区部分省份单位面积耗热量

注：图中单位面积耗热量的单位为 GJ/m²。

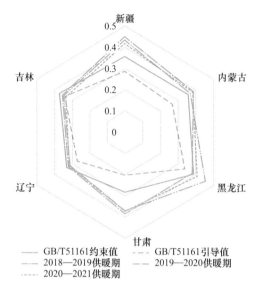

图 5-12　近三个供暖期严寒地区部分省份单位面积耗热量

注：图中单位面积耗热量的单位为 GJ/m²。

5. 全网综合电耗和水耗

北方采暖地区综合电耗主要分热源电耗和热力站电耗两部分，热源电耗包括热电联产耗电量和区域锅炉房耗电量两类，其中热电联产耗电量需确定首站耗电量和调峰锅炉房耗电量，调峰锅炉房及区域锅炉房主要分燃煤锅炉房和燃气锅炉房，分别确定其耗电量。根据 2020—2021 供暖期统计结果，热电联产供热首站、调峰燃煤锅炉房、调峰燃气锅炉房单位供热量耗电量平均值分别为 4.39kWh/GJ、4.95kWh/GJ、2.73kWh/GJ，通过加权计算可得热电联产单位供热量耗电量为 3.86kWh/GJ。区域燃煤锅炉房和燃气锅炉单位供热量耗电量平均值分别为

4.8kWh/GJ 和 4.56kWh/GJ；通过加权计算可得区域锅炉房单位供热量耗电量为 4.72kWh/GJ。最终对热电联产首站、调峰锅炉房和区域锅炉房通过加权确定全网热源单位供热量耗电量为 4.4kWh/GJ。结合全网综合热单耗 0.367GJ/m²，确定北方供暖地区热源单位面积耗电量为 1.62kWh/m²。

根据 2020—2021 供暖期统计结果计算北方采暖地区热力站单位面积耗电量为 1.3kWh/m²，因此可得全网综合电耗为 2.92kWh/m²。

同理，分别确定 2020—2021 供暖期北方采暖地区一次网单位面积补水量和热力站单位面积补水量分别为 18.6kg/m² 和 30.2kg/m²，因此全网综合水耗为 48.8kg/m²。

6. 全网综合能耗

根据全网综合热单耗、综合电耗和综合水耗确定供热系统全网综合能耗。通过燃煤热电联产、燃气热电联产、燃煤锅炉、燃气锅炉等单位供热量燃料消耗量加权确定北方供暖地区热源单位供热量燃料消耗量为 31.34kgce/GJ，再结合全网综合电耗、综合水耗等计算可得 2020—2021 供暖期北方供暖地区全网综合能耗为 12.4kgce/m²（表 5-2）。

全网综合能耗计算表　　　　　　表 5-2

能耗类型	能耗		折标准煤		标准煤（kgce/m²）
	能耗值	单位	系数	单位	
全网综合热单耗	0.367	GJ/m²	31.34	kgce/GJ	11.5

续表

能耗类型	能耗		折标准煤		标准煤
	能耗值	单位	系数	单位	(kgce/m²)
全网综合电耗	2.92	kWh/m²	0.31	kgce/kWh	0.9
全网综合水耗	48.8	kg/m²	0.0857	kgce/t	0.004
综合能耗					12.4

5.2 值得关注的几个问题

5.2.1 住房空置率与收费问题

西南财经大学中国家庭金融调查与研究中心（CHFS）发布的《2017中国城镇住房空置分析》数据显示[3]，随着我国住房拥有率的逐年提升，住房空置率也逐年增加，2017年我国住房空置率为21.4%，其中二线城市、三线城市空置率分别高达22.2%和21.8%，远高于一线城市的16.8%，最低的北京空置率为19.5%，最高的鄂尔多斯空置率达到43%（图5-13、图5-14）。

清华大学的研究表明[4]，不同入住率小区的实际面积单耗随入住率的升高逐渐降低。当小区入住率达到某一指标（60%）时，实际面积单耗维持在某一区间。在入住率较低的小区，由于停供用户的存在，使得部分用户单耗明显高于相同位置周围不存在停供用户的单耗，且不同位置用户的单耗随着周围空置户数的增加而增加。不同位置热用户周围存在空置用户时，中间户的单耗增幅在15%～31%；边户的单耗增幅在

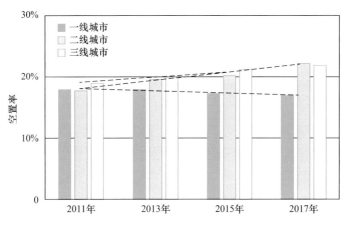

图 5-13　一、二、三线城市住宅逐年空置率

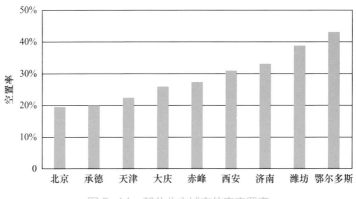

图 5-14　部分北方城市住宅空置率

11%～26%；顶层用户的单耗增幅在 7%～19%；底层用户的单耗增幅在 5%～16%。对于现有居住建筑（新建建筑与老旧建筑）来说，空置率已经成为影响建筑能耗和供暖效果的关键因素。提高建筑节能标准，但户间传热未能根本解决，高空置率将严重影响供暖效果且增加建筑能耗指标。从节能

的角度来讲，空置率问题短期内依旧是个比较突出的社会问题。

根据协会 2021 年的统计结果，华中地区报停率高达31%，其次是华东地区报停率为 15%。各地对报停用户的热费收取比例差异较大，河南、山东、河北秦皇岛、唐山等地热费全免，包头、本溪等地收取 15% 的热费，天津、长春等地收取 20% 的热费，西安、太原、哈尔滨、银川等地收取 30% 的热费，乌鲁木齐收取 50% 的热费，北京收取 60% 的热费或基础热费。统计结果显示，居住建筑报停且收基础热费涉及供热面积 1.0 亿 m^2，占居民用户报停面积的 24.3%（图 5-15）。停热收费少，蹭热现象愈演愈烈，报停用户比例将越来越高。

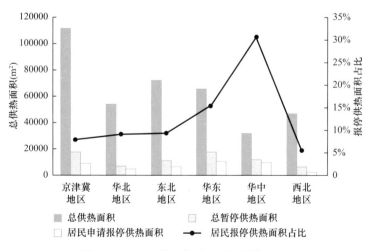

图 5-15 不同地区暂停和报停供热面积

5.2.2　延长供暖时间、提高室温对能耗的影响

通过对比 2018—2019 供暖期、2019—2020 供暖期和 2020—2021 供暖期的供暖时间发现，提前供暖、延长供暖期逐渐成为常态，延长供暖的城市数量和企业数量逐年提升。参加 2019—2020 供暖期统计的 55 个城市 90 家企业中，有 41 个城市 72 家企业延长供暖期，占比分别为 75% 和 80%。参加 2020—2021 供暖期统计的 73 个城市 120 家企业中，有 61 个城市 97 家企业延长供暖期，占比分别为 84% 和 81%，并且严寒地区延长供暖的企业数量较寒冷地区多（表 5-3）。统计结果显示，严寒地区和寒冷地区 2020—2021 供暖期热源单位面积耗热量较法定供暖期分别增加 6% 和 7%。

近 3 个供暖期延长供暖时间统计　　　　　　表 5-3

供暖期	统计城市			统计企业			寒冷及南方地区企业			严寒地区企业		
	总数	延长供暖数量	延长占比	总数	延长供暖数量	延长占比	总数	延长供暖数量	延长占比	总数	延长供暖数量	延长占比
2018—2019	56	37	66%	85	53	62%	55	33	60%	30	20	67%
2019—2020	55	41	75%	90	72	80%	62	48	77%	28	24	86%
2020—2021	73	61	84%	120	97	81%	88	69	78%	32	28	88%

2020—2021 供暖期北方采暖地区平均室内温度为 20.81℃，较上个供暖期提升 0.05℃。供暖期用户室内温度对居住建筑供暖能耗有着显著影响，供暖室内温度每提升 1℃，供热能耗上

升 2%～7%。供热行业延长供暖、室温提升导致北方采暖地区整体能耗增加 10% 左右。

5.2.3　热网失水量对能耗的影响

供热系统失水直接影响供热生产安全和供热效果，失水量过大，不仅使得系统能耗增加，严重时将危及供热系统安全，无法保证供热质量。协会近几年的统计结果显示，供热企业失水情况较为严重，特别是一次网的单位面积补水量平均值为 3.5kg/（㎡·月），还未能满足国家标准 3.0kg/（㎡·月）的要求。二次网的单位面积补水量平均值为 5.16kg/（㎡·月），比国家标准中 5.8kg/（㎡·月）的要求略低（图 5-16）。分地区来看，除山东、辽宁和吉林外，其他地区一次网单位面积补水量在 3kg/（㎡·月）以下；二次网单位面积补水量差异较大，北京市统计值最低，为 2.6kg/（㎡·月）；辽宁省统计值最高，为 13.4kg/（㎡·月）（图 5-17）。

一次网失水主要来自供热设备和老旧管线跑、冒、滴、漏，以及突发事故造成的失水，管道设备检修泄水，以及系统中水的体积变化自动泄压引起的失水。二次网失水分为供热管网失水和用户人为放水两个方面，供热管网失水原因和一次网类似，用户人为放水在某些地区比较严重，但由于供暖企业缺乏有效的手段制止这一行为，目前无法做到令行禁止。降低热网水耗不仅可以降低热耗、电耗，还可降低供热成本。

以一次网为例，如果全国 150 亿 ㎡ 集中供热系统平均补

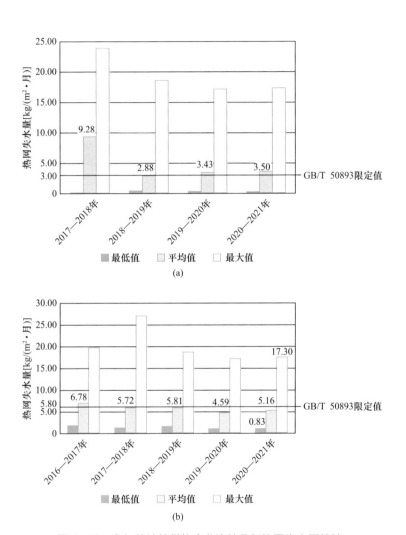

图 5-16　参加统计的供热企业连续几年热网失水量统计

（a）一次网；（b）二次网

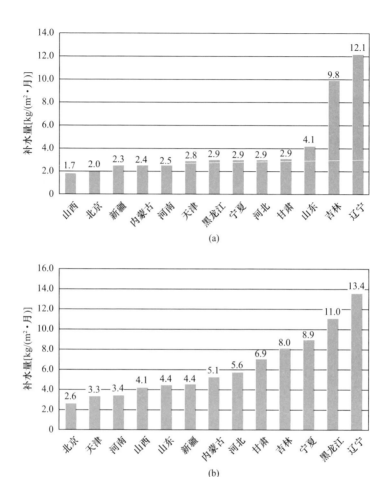

图 5-17　2021 年不同省份热网单位面积补水量统计结果

（a）一次网；（b）二次网

水量下降 0.5kg/（m² · 月），经测算，一个供暖期可节约热量 600 多万 GJ，可供 2000 多万 m²（供热面积），相当于一个地级市的年供热量，年节约水量 3750 万 t，年节约资金约 7 亿元

（此处热水加热温差按 40℃、水价成本按 10 元 /t、热费成本按 50 元 /GJ 计算）

5.2.4　燃料价格上涨加剧供热价格倒挂问题

根据协会 2021 年统计结果，全国按面积收费的居民平均供热价格为 23.11 元 /m²，寒冷地区和严寒地区平均供热成本分别为 27.84 元 /m² 和 27.23 元 /m²，成本倒挂现象严重。居民供暖严重依赖补贴，2021 年 89 家企业中有 65 家企业享受供热补贴，补贴前后企业净利润率为正的企业数量占比寒冷和严寒地区分别为 54% 和 72%，即补贴后约 1/3 的企业仍处于亏损状况，平均利润率仅为 3%。从供热成本构成来看，各类成本中占比最高的依次为燃料（热力、燃煤、燃气等）成本、固定资产折旧、职工薪酬、水电费等，占比分别为 54.6%、16.3%、9.6% 和 6.1%。

2021—2022 供暖期受环保限产、煤炭进口减少、国际天然气涨价等多种因素影响，全国燃煤、天然气等主要能源价格大幅上涨，并持续高位运行，对采用燃煤燃气热水锅炉、热电联产以及电厂余热供热的集中供热企业影响非常大。以市场"零采"为主的中小型区域锅炉房供热的企业，普遍存在无法纳入长协供煤问题，使得供热煤价居高不下。

此外，上游电厂对下游供热企业转移亏损，造成供热企业成本增加或供热量有缺口。燃煤联动调价机制执行不力，企业亏损严重，延时供热或者提高室温增加供热成本，个别地方企业补贴落实困难。

5.3 构建供热行业重要信息管理指标体系的建议

构建供热行业重要信息管理指标体系，旨在为加强城市市政基础设施管理提供支撑，促进供热行业有序发展。本报告第 3 章指标体系的划分，是基于以供热企业为主体采取自下而上、由点到面的统计模式，收集汇总行业的基础信息，并在此基础上进行数据整理、分析，从而形成行业的重要基础信息。基于目前我国供热行业重要信息数据缺失、监管不到位、数据治理需要完善等现状，如果要进一步从政府对行业进行宏观治理和监管的角度考虑，尚需对以上基础信息进行要素的抓取和提炼。

根据供热行业信息统计实施主体的不同，建议分国家供热行业主管部门、省市供热主管部门两级分别设置供热行业重要信息管理统计指标体系。

5.3.1 构建基于行业的重要信息管理指标

根据城镇供热行业主管部门对供热行业的监管重点，建议的信息统计指标主要分为行业基础类、能源保障类、设施运行类、供热经营类、供热服务和事故类六个方面，除财务类指标按照自然年统计外，其余指标均按照一个完整的供暖期进行统计（表 5-4、表 5-5）。

城镇供热行业重要供热信息统计一览表　　　表 5-4

序号	信息类型	统计信息名称	分项统计信息名称	备注
1		供热面积	1）公共建筑供热面积 2）居民供热面积	
2		供热能力	1）蒸汽供热 2）热水供热 3）热电联产 4）区域锅炉房 5）非化石能源	
3	行业基础类	管网长度	1）一次网 2）二次网	
4		企业数量	1）国有 2）民营 3）其他	
5		从业人数	1）大学生就业人数 2）农民工就业人数	
6		热用户数量	1）公共建筑 2）居民建筑	
7		燃料供应量	1）燃煤合同供应量 2）天然气合同供应量 3）热电联产购热合同供应量 4）工业余热合同供应量	为本供暖期长协合同量
8	能源保障类	燃料储备量	1）燃煤储备量 2）天然气储备量	
9		燃料价格	1）标准煤价格 2）标准天然气价格 3）LNG 价格 4）热电联产购热价格 5）工业余热价格	
10	供热运行类	能耗	1）总量 2）标准煤消耗量	

续表

序号	信息类型	统计信息名称	分项统计信息名称	备注
10	供热运行类	能耗	3）标准天然气消耗量 4）热电联产热源耗热量 5）工业余热消耗量	
11		碳排放量		
12	供热经营类	投资	1）新建供热设施投资 2）老旧管网改造投资	
13		供热成本	1）主营业务成本 2）职工薪酬 3）固定资产折旧	
14		供热补贴		
		税收减免		
15	供热服务类	供热室温	1）供热平均室温 2）供热达标温度	
16	供热事故类	停止供热面积大于 100 万 m^2，且大于等于 24h 的故障	1）事故次数 2）抢修抢险次数 3）受事故影响的供热面积	

供热行业重要信息管理评价指标一览表　　表 5-5

序号	信息类型	名称	分项指标	备注
1	行业基础类	集中供热率		
2		热源备用率		
3		人均供热面积		
4		可再生能源占比		可再生能源供热量占总供热量的百分比
5		工业余热占比		

续表

序号	信息类型	名称	分项指标	备注
6	能源保障类	燃料供应率	1）燃煤供应率 2）燃气供应率 3）热电联产供热量供应率	合同签订量占总需求量的百分比
7		燃料储备率	1）燃煤储备率 2）燃气储备率	供热企业燃料储备量占需求量的百分比
8		价格上涨率	1）标准煤价格上涨率 2）燃气价格上涨率 3）热电联产售热价格上涨率	与上年同期相比
9	设施运行类	全网综合能耗		单位供热面积供热热源能耗
10		热网热损失率		
11		单位供热面积碳排放量		
12	供热经营类	投资强度		单位供热面积投资额
13		平均供热成本		单位供热面积成本
14	供热服务类	室温合格率		
15		用户满意率		
16	供热事故类	抢修抢险及时率		

（1）行业基础类信息主要为总供热面积、总供热能力、管网总长度、企业数量、从业人数、热用户数量等，评价指标有

集中供热率、热源备用率、可再生能源占比等。

（2）能源保障类信息主要为供热能源供应量（分能源种类）、主要燃料价格（热电联产热量购买价格、标准煤价格、天然气价格、LNG价格等），评价指标主要有燃料储备率、价格上涨率等。

（3）设施运行类信息主要统计能源消耗量（分能源种类）、碳排放量，评价指标为全网综合能耗、单位面积碳排放量等。

（4）供热经营类信息主要了解供热投资、企业经营状况，包括行业投资额度、供热补贴额度、税收减免额度、供热价格、供热成本等，评价指标有行业投资强度、平均供热成本等。

（5）供热服务类信息体现供热企业对供热用户的服务水平，包括当地政府要求的居民室内达标温度、用户平均室内温度等，评价指标有室温合格率、用户满意率等。

（6）供热事故类信息主要反映供热企业出现的供热抢修抢险情况，包括停止供热≥24h的事故总数、受事故影响的供热面积等，评价指标有抢修及时率等。

5.3.2　基于省市供热主管部门的供热信息管理评价指标

省市供热主管部门除了统计表5-4、表5-5中的信息外，还需要加强对供热企业信息指标的管理工作，主要从效益、效率和服务三个方面设定评价指标（表5-6）。

省市供热主管部门信息管理评价指标一览表　表 5-6

序号	指标类型	指标名称	评价目的	指标定义
1	基础类	企业利润率（成本利润率）	企业综合利润水平	企业供热主营业务利润总额与供热主营业务成本之比
2		平均供热成本	供热成本大小的数值体现	统计期内供热企业从事供热这一主营业务所发生的成本与企业实际供热面积之比
3		热费收缴率	实际收入到账情况	供暖费实际收入与供热费应计收入之比
4		供热成本构成（固定资产折旧占比）	固定资产折旧额占供热成本的比例	固定资产折旧额占供热成本的比例
5	效益类	人均供热面积	人员管理效率	统计周期内企业总供热面积与企业总人数之比
6		全网综合能耗	供热系统整体热耗水平	一个完整供暖期耗热量与供热面积之比
7		一次网热损失率	一次网保温、泄漏等	一个完整供暖期一次网热损失量与热源供热量之比
8		二次网热损失率	二次网保温、泄漏等	一个完整供暖期二次网热损失量与热力站供热量之比
9		热力站单位面积耗热量	热力站热耗水平	一个完整供暖期热力站供热量与热力站实际供热面积之比
10		热力站单位面积耗电量	热力站输配系统电耗水平	一个完整供暖期热力站耗电量与热力站实际供热面积之比
11		热力站单位面积补水量	热力站补水量高低	一个完整供暖期热力站补水量与热力站实际供热面积之比

续表

序号	指标类型	指标名称	评价目的	指标定义
12	服务类	用户平均室温值	用户室内供热效果	用户室内温度的加权平均值
13		室温合格率	考察供热企业供热质量	用户室内供热温度达到政府规定的达标温度的百分比
14		用户满意度	考察供热企业供热服务水平	供热用户对供热服务主观满意程度
15		接速即办率	评价供热企业服务及时率	根据各地制定的下单后上门服务时间要求计算及时率

（1）效益指标主要用于评价供热企业在供热活动中投入与产出情况，包括热费收缴率、平均供暖成本、企业成本利润率和供热成本中固定资产折旧占比等。

（2）服务和效率指标包括人均供热面积、全网综合能耗、一次网热损失率、热力站单位面积耗热量、热力站单位面积耗电量和热力站单位面积补水量，基本涵盖了供热企业人员管理、热量（燃料）、电、水等供热成本构成的主要方面，从供热系统全网、一次网和热力站三个环节评价供热企业运营管理水平。

（3）服务指标有 4 个，包括室温合格率、用户平均室内温度、用户满意度、接速即办率。

5.3.3　实施建议

（1）强化部门合作，分级实施，建立一套完善的信息管理指标体系，实现数据共享。

供热行业重要信息管理指标体系的构建是垂直的现代信息管理体系，建议供热行业主管部门，根据不同行政层级对供热行业管理的侧重，建立一套完整的供热行业重要信息管理指标体系，并加强中央到地方及各相关主管部门的协调，根据行业管理实际需要，对各指标的获取和利用进行统筹分配。

建议供热主管部门和地方各级部门之间获取的供热行业重要信息实现互联互通和开放共享，切实运用现代化手段，形成本区域的供热行业重要信息数据库。基层单位数据能从上级平台获取而不再重复统计，切实提高工作效率和准确度。例如，与已经实施统计工作的相关行业协会对接，获取已经统计的数据；与地方供热主管部门对接，获取运营数据；与税务部门对接，获取财务数据。不需要被统计单位重复报送，既保证数据的一致性，防止虚报和瞒报，又能减轻填报单位工作负担。

（2）加大统计法律法规的学习和宣传教育力度，加强对统计工作重要性的认识。

加强《中华人民共和国统计法》及相关法律法规的学习和宣传，提高社会对统计法规和统计工作的认识，营造统计执法的良好社会环境，这是提高信息数据质量的重要保证。不管是行业信息管理部门还是信息调查对象，都要自觉地学习统计法规，充分认识信息管理工作的重要性。严格落实信息弄虚作假问责制，对不如实提供信息数据的单位依法追究责任，对全力配合信息报送的填报单位予以奖励，做到奖罚分明，营造良好的信息管理环境。

（3）加强信息管理基础工作规范化建设。

多年统计实践表明，统计员的责任心和专业水平直接影响上报数据的质量。为此建议，一是配备具有专业知识和责任心强的工作人员，不能使用财务部门或其他部门的工作人员进行兼职，因为统计员若不具备相关专业知识，无法完全理解专业指标涵义，会使上报信息的质量受到影响。二是加强信息报送人员业务能力和综合素质的培养和教育。每年要定期进行统计培训，结合往年报表填报常见错误向企业统计人员进行重点说明，使其充分理解指标含义，熟知易错事项，不断提高统计人员的理解能力和填报能力。三是建立健全激励机制，提高工资待遇，调动工作热情，健全岗位责任、数据处理审核、资料管理等制度，确保数出有据。同时，鼓励信息管理统计人员参加统计职称的评聘，保障统计人员的利益，培养一批高素质统计人员队伍。

（4）加强信息审核，确保数据质量。

鼓励信息报送人员先采用人工方式对数据的准确性进行审核。同时要充分利用填报平台审核功能，及时发现奇异值和波动较大数据，要求企业进行核实，确保数出有据。此外，还可通过关联数据进行数据校验，找出问题数据，在一定程度能提高数据的正确性。

（5）注重信息数据的分析利用。

有深度和广度的行业信息管理数据分析可以满足从宏观决策到微观分析各层面的要求。对获取的行业重要信息深入挖掘，并进行汇总和科学分析，把死数据变成活信息，真实、全面、客观地反映供热行业状况，对政府出台供热行业政策和发展规划、加强对行业的宏观调控、促进行业可持续发展等方面发挥应有的作用。

第6章

供热行业能效领跑优秀企业案例

6.1 提高管理水平促进节能增效的优秀案例

6.1.1 郑州热力集团有限公司连续多年多措并举提质增效的管理经验

随着《中共中央 国务院关于新时代推动中部地区高质量发展的意见》的发布，郑州市持续加快推进国家中心城市高质量建设。郑州市城市发展空间大、人口虹吸能力强，全市常住人口已超过 1200 万人，城建发展进一步提速，为集中供热事业的可持续发展提供了丰沃土壤。

近年来，郑州热力集团有限公司（以下简称郑州热力）紧跟城市发展步伐，深耕供热主业，推动供热面积连年跨越式增长。五年来，郑州热力每年新增供热面积超过 1000 万 m²，截至 2021 年年底，供热总面积达 1.95 亿 m²。在供热规模持续扩大的同时，郑州热力不断提高管理效率和全员劳动生产率。以"智慧供热""热力大脑"为引领，加大供热系统各个环节

的科技创新力度，推进信息化、自动化与智能化；着力培养
高素质复合型人才，实现一专多能，多措并举使得人均供热
面积指标持续优化。截至 2021 年年底，职工总数 1381 人，人
均供热面积 14.15 万 m^2，此项指标在全国供热企业名列前茅
（图 6-1）。

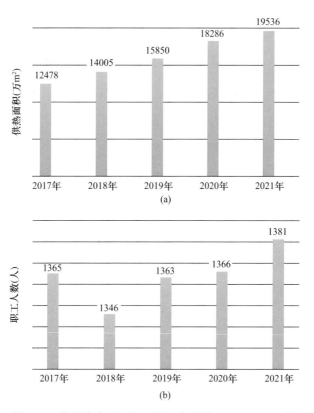

图 6-1　郑州热力 2017—2021 年供热面积和职工人数
（a）供热面积；（b）职工人数

1. 构建"五大格局"，供热面积连年跨越式增长

随着郑州热力集中供热主业步入快速发展轨道，为抢抓中原崛起的市场机遇，拓展更加广阔的发展空间，2011 年以来，郑州热力着力构建"大热源、大联网、大调度、大客服、大维护"五大格局的发展框架。其中"大热源、大联网"作为五大格局的物质基础，是实现供热事业整体一盘棋的两个基点。"大调度"是五大格局的指挥中枢，"大客服"与"大维护"则是确保五大格局平衡运转的两大保障措施。多年来，随着五大格局内涵与外延的不断完善，其自我发展和创新能力显著增强，呈现出动态开放、兼容并蓄的体系化发展趋势，成为引领供热主业跨越式发展的关键核心。

（1）扩容"大热源"，为供热高质量发展筑牢根基

一是实施引热入郑，持续巩固热电联产主导地位。2014 年以来，郑州热力成功实施裕中电厂一期、国能荥阳电厂、豫能热电厂、裕中电厂百万机组四个"引热入郑"项目，累计新建长输热网 90.1km，新增供热能力 3860MW，热电联产在全市热源占比约 63%，全市热源布局更加均衡。二是实施"煤改气"，增强燃气热源的调峰能力。2013 年以来，郑州热力实施了郑东热源厂等 5 个"煤改气"项目，新建北郊、港北、商都路、高新区 4 座燃气热源厂，实现供热能力 2854MW，显著增强了全市热源的综合调峰能力。三是多渠道挖掘热源潜力，在郑东热源厂应用烟气余热回收技术，在高新区建设双能

互补隔压能源站配合裕中电厂 30 万 kW 机组深度挖潜，对南环隔压站进行大温差改造扩增热网输送能力，在集中供热管网暂时覆盖不到的区域，积极发展空气源热泵、燃气模块化机组等分散供热方式。在推动供热主业健康高速发展的过程中，郑州热力始终坚持热源谋划先行，结合各区域的实际供热需求，因地制宜谋划建设新热源，极大丰富了全市热源储备，为新增供热面积每年持续高速增长打下了坚实基础。

（2）升级"大联网"，持续完善一城一网供热系统

多年来，郑州热力不断加大热网建设力度，年均新建改造热网 100km 以上，现已形成郑州市三环主干热网。通过抢先布局郑州市常西湖区、二七新区、惠济新区、金水科教园区等新兴区域的热网建设，正在打造完善四环主动脉，贯通南四环输送主干网。集中供热管网以中心城区为核心向四周辐射，进一步扩大供热主干热网覆盖范围，目前中心城区"一城一网"整体框架基本完善，实现了输送稳定、互通互联、互为支援的 1+N 格局（即：一个大管网，N 个热源），集中供热普及率 91%。"一城一网"已成为郑州热力供热主业发展不可替代的核心竞争力，正在积极尝试把多种可再生能源融入城镇热网体系，从而实现各类供热资源的统筹调配和集约运用，不断提升城市热网输配系统的综合承载力。

（3）"大调度"统揽全局，供热一盘棋成效显著

郑州热力以"大调度"理念为引领，构建统一、科学、高

第6章

效的供热运行管理模式，不断提升供热调度水平。2011 年成立调度中心（图 6-2），打破供热区域粗放调节、分散管理的传统方式，站在全市的高度统筹供热生产运行，打造方案谋划、热源指挥、管网监控、供热协调、技术研究等供热职能核心，全面实现供热系统可视化、自动化、信息化，已实现 12 座热源监控监测全覆盖，热力站监控覆盖率超 98%。2017 年与浙江大学合作，通过研发供热管网仿真建模系统、供热生产管理系统、可视化展示平台等，目前已基本实现全市热源的统筹调配，多热源联网供热模式日臻成熟。同时，通过"智慧供热""热力大脑"的持续升级，郑州热力得以依托智慧系统模拟供热动态，在非供暖期提前谋划冬季运行，科学编制每年供热调度方案、应急预案，统筹全市供热资源一盘棋，充分发挥"一城一网"优势，内外沟通、高效化解运行期以来的各类突发风险，全力保障民生供暖。

图 6-2 "大调度"总览

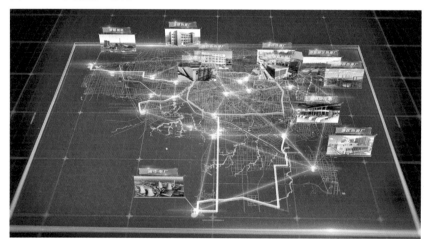

（4）为民服务初心不改，建设暖身暖心的"大客服"

多年来，郑州热力始终坚守"供热暖身、服务暖心"的服务理念，用心打造"阳光服务"品牌。现有综合客户服务大厅和 6 个二级客服中心，45 个热线坐席、90 路数字光纤、215 部片区专管员电话，零距离服务全市 150 万热用户，"大客服"基本构架体系已经健全。通过"适老化"升级改造，上线智能导航机器人"小暖"，完善客服系统、微信公众号平台、客服系统手机 APP 功能，"大客服"逐步迈向智慧客服。打造营商环境"品牌力"，全面优化供热报装流程，在供热报装"123"模式的基础上形成中小微项目"2+2"模式及已入网小区底商类小微用户用热"三零"模式；持续提升"互联网＋服务"能力，拓宽业务办理渠道，实现线上"一网通办"、线下"一窗受理"、"四端协同"办理，为用户入网用热提供一揽子服务。

（5）完善"大维护"，为全市供热安全保驾护航

组建专业化的管网运行维护公司，把主干热网的抢险、维修与维护从各个分散的供热区域中剥离出来纳入到一个整体，逐步健全了"常巡检、轻抢修、重维护"的养护维修机制。配备数十台管网救险车、大型移动电源车、液压动力站、专业带压堵漏器具等设备，自主研发了管网运行在线密封技术，积极尝试漏点定位技术、非开挖内衬技术，有效提高抢修效率、降低维护成本（图 6-3）。2021 年尝试管网第三方巡检模式、建

图 6-3　管网救险车

设利用管网 GS 智能巡检管理系统，构建涵盖全局、点面结合、多重防范的隐患排查治理网络体系，最大限度减少管网故障造成的停用热时间、停热区域和降低对热用户的影响。

通过十几年来"五大格局"的不断完善，郑州热力的供热运营管理和服务水平持续增强，得到了郑州市民的普遍认可，获得了较好的社会口碑，目前在郑州市中心城区市场占有率近90%，集中供热主业综合效能显著提升，供热规模扩张速度持续高速稳定。

2. 增强职工综合技能水平，劳动生产率显著提高

郑州热力通过打造广泛的职工创新意识，充分释放职工职业拓展期望，由下而上带动全体职工激发生产创新热情，打造一专多能的职工队伍，焕发企业时代激情。积极构建学习型团队，现有各类专业技术人员及高技能人员共 771 人，其中高

级职称 31 人、高级技师 34 人、高级工 109 人、中级职称 280 人、技师 102 人、初级职称 215 人。

（1）科学制定薪酬激励政策，建立健全技能导向机制

开展企业内部职业技能培训，从培训设计、薪酬体系、职业生涯规划等多方面开展对技能人才的培养和开发，不断提高优秀技能人才的职业荣誉感、自豪感和获得感。严格实行"定岗定编定员"管理，在梳理和明晰岗位职责和任职标准的基础上，根据供热计划和人员储备情况，结合各部门职责、工作内容、业务量、管理层级和幅度等，对编制、岗位、人员进行适度优化调整，促进人员合理有序流动，最大化释放个人价值和成长活力，做到人岗相适、人事相宜。调薪工作始终坚持工资水平向基层员工、高级技术员工岗位倾斜，对技师及以上技能工人设置专门的技能补贴。此外，设置二次网调节专项奖励、"五小"发明创造奖励等专项奖金，对优秀技术工人设立专项奖励办法，从薪酬激励方面激发产业工人技能实力，保障技能人才队伍建设发展。

（2）加强人才储备，扩充综合技能人才储备

为深入贯彻落实郑州市政府"人人持证、技能河南"的要求，2022 年 6 月，郑州热力成立"职业技能等级认定中心"，成为供热行业首家涵盖锅炉运行值班员、热力管网运行工、热力站运行工、水生产处理工 4 个工种，职业技能等级从初级工（五级）、中级工（四级）、高级工（三级）、技师（二级）、高

级技师（一级）全部 5 个等级的认定单位，此举加快了技能人才队伍建设，提高职工技能水平。

（3）优化职工技能评价方式，完善工匠人才培养体系

开展特种作业培训取证、职业技能等级培训和认定等工作；为培养企业知识型、技能型、创新型、复合型技能人才，鼓励基层技能人员"应取尽取，一人多证"。此外，与中原工学院合作共同建立科技研发平台，共建国家级或省级工程技术研究中心及研究生培养基地。通过与专业院校搭建优质人才培训渠道，广泛开展市级技术能手及郑州青年技术大师的评比和选优工作，致力于打造学习型、工匠型企业。提升职工技能水平，向一专多能、岗位一体化、复合型人才方向培养发展。

3. 以科技促创新，"科技改变供热"成为新常态

郑州热力始终坚持把科技创新全面融入公司整体战略布局，不断加大研发投入，推动"产学研用"联动，进一步拓宽复合型技术人才的管理幅度，全面提高管理效率和劳动生产率。一是以建设"河南省清洁供热工程技术研究中心"为重点，与科研院所合作交流，建立以企业为主体、以"产学研用"合作为主要手段的科技创新体系，统筹推进大温差供热机组、箱式移动热力站、智能化热力站及安防系统、燃气锅炉烟气回收系统、远程开阀等科技创新成果广泛应用。二是 2019 年 9 月顺利通过住房和城乡建设部科技示范项目验收，水力分析系统、智能仿真系统等功能不断完善升级；与阿里巴巴集

团合作建设的"热力大脑"已正式上线，以热力智能数据中台为枢纽，利用在线化、数据化、智能化等手段，集合客服、调度、经营三大部门核心诉求，打造智能化、一体化、可扩展的热力大脑综合平台。三是以"小发明、小创造、小革新、小设计、小建议"的五小创新项目为阵地，已建成 7 个创新工作室，其中 1 个市级大师创新工作室，1 个市总工会示范性劳模创新工作室，7 个工作室全部荣获市产业示范性劳模（高技能人才）创新工作室，实现近 300 项创新成果和发明专利。

2022 年 9 月 29 日，第一届全国城市供热行业职业技能竞赛决赛闭幕式暨颁奖仪式在郑州圆满闭幕（图 6-4），郑州热力将以此为契机，全面拓宽专业技能提升渠道，在企业内部营造浓厚的技能创新氛围，以职工专业技能水平综合提升为引领，带动生产管理综合水平节节攀升，弘扬劳模精神，传承工匠品质，以实际行动共同书写人民满意的时代答卷！

图 6-4 第一届全国城市供热行业职业技能竞赛决赛

6.1.2 哈尔滨哈投投资股份有限公司供热公司提升企业用热管理水平的探索与实践

哈尔滨哈投投资股份有限公司供热公司（以下简称哈投供热公司）成立于 1995 年，经过多年发展建设，截至 2022 年哈投供热公司已建成供热一次网 105.27km，热力站 288 座，辖区供热面积约 2050 万 m^2。在"双碳"目标下，为实现企业节能降耗，哈投供热公司一直致力于提升供热生产用热管理水平，经过多年探索与实践，热源出口单位面积耗热量逐年降低。

1. 建立培养奖励机制，提高员工节能意识和履职能力

（1）定期开展节能降耗培训工作

通过专题讲座、经验交流、定期开展节能降耗主题宣讲等形式，提高员工技术知识水平，开阔员工专业视野，培养员工创新思维，助力公司节能降耗工作实施。

（2）推动技术创新成果转化

加强与高等院校的合作，搭建"产学研"技术创新平台。利用高校雄厚的理论知识资源与企业丰富的实际运行经验，实现优势互补、共利双赢，推动技术创新成果转化，使参与项目合作研发人员的技术水平得到快速提高。

（3）树立员工节能降耗责任意识

为使员工充分认识到节能降耗工作的重要性，哈投供热公司不断提高能耗指标在考核分数中的占比，增强员工节能降耗工作的紧迫感、责任感，引导员工树立节能降耗的意识。

（4）提高员工节能降耗工作积极性

配套出台了相应的能耗奖励办法，让员工能够享受到节能降耗带来的成果，激发了员工的节能降耗工作热情，使员工自觉做到各司其职、各负其责，保证各项节能降耗改造措施能够贯彻落实，最终实现企业各项能耗指标连年降低。

（5）拓宽技术人员发展空间，促进节能工作顺利开展

为鼓励从事技术工作人员的积极性，哈投供热公司出台了《技术职务管理办法》，技术职务和管理职务享受同等待遇，拓宽了技术工作人员的发展空间，使这部分员工能够专心进行技术应用、技术创新、技术开发工作，促进节能降耗工作的顺利开展。

2. 做好网源协调和用热负荷预测，最大限度实现热量的供需平衡

（1）根据历史运行数据对供热调节曲线进行修正

通过对多年积累的运行数据进行整理分析，哈投供热公司制定了比较精确的热源进网热量曲线并每年进行修正调整。同时还制定了一、二次网运行调控管理制度以及相关流程，运行期依据每日气象信息，结合近期热网运行状态及历史运行数据，提前预测未来一周每日的用热量并发给热源单位。加强与热源单位沟通交流，协助热源单位提前安排好热量生产计划，促进热量供需达到平衡。

（2）采用科学手段针对性地提高控制调节精度

为提高自动化系统调节精度，针对一次网热源前端开度过小或者设备老旧调控精度较低的流量调节阀进行改造，通过科学计算分析，合理选型，确保精准控制，实现高效运行调节，减少因一次网控制精度低导致二次网供热量过多或不足的情况发生。

（3）根据历史运行数据对每台换热机组调节曲线进行优化

每台换热机组均有单独的运行曲线，每年对二次网运行温度曲线进行优化。为应对热力站所辖建筑热指标不同的问题，哈投供热公司通过对热力站历年运行数据统计分析，经理论计算制定出每个室外温度条件下每台换热机组的运行参数和热负荷需求，并根据当年二次网热平衡改造、建筑物节能保温改造等具体情况，修正二次网温度曲线，在保证用户室温达标的前提下降低能耗。经过多年的工作经验积累，将气象条件、热网运行工况等影响因素引入温度曲线计算，最终生成供热期各阶段的运行曲线，最大限度降低热量消耗。

3. 多措并举做好二次网平衡调节，在保证全面达标前提下减少超温现象

（1）进行"二次网平衡调节"专项改造

定期进行用户室温监测，根据用户室温测量数据，评估二次网水力失调程度，制定供热系统热平衡改造方案，运行期对供热系统热平衡进行跟踪调节，消除过热区域，最大限度实现

均衡供热，保证在不降低末端用户供热质量的前提下，实现节能降耗。对于热平衡失调严重的热力站或机组，有针对性地制定优化改造方案，对部分管网组成复杂或调节难度高的重点区域，利用物联网电动调节阀进行二次网平衡调节；为克服室温采集安装困难、辅助数据不足的问题，结合历史运行经验调整各环路控制标值算法，实现二次网均衡供热。

（2）通过技术创新解决供热失调问题

哈投供热公司辖区仍有大量建筑采用上供下回单管顺流式供暖系统，约占供热总面积的 31%（图 6-5），这部分建筑的供热系统因用户私自无序改造，除二次网水平失调外，还存在十分严重的垂直失调问题。为此哈投供热公司提出了正反供调节法，利用电动三通阀，定时将二次网供、回水自动切换，减轻上层和下层用户室温差距过大的情况，减少了上层过量供热造成的浪费，使热能得到了更好利用，同时循环水量也可以适当减少，节电、节热效果明显。

（3）通过多种改造措施实现热用户合理分区精准供热

对于辖区管网、热用户构成复杂的热力站机组，结合热用户性质、供热面积、供热形式等情况，有针对性地采取机组拆分、整合或二次网混水、串联等改造措施，合

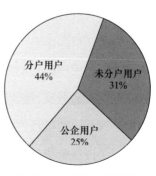

图 6-5　用户占比情况

理规划供热分区，降低热量消耗。

4. 做实做细基础工作，减少热网热量损失

（1）设立"一次网严密性实验"专项资金

每年严格实施一次网严密性及耐压实验，全力"查漏""找漏"，消除运行隐患，最大限度解决一次网跑、冒、滴、漏问题，减少热能浪费。通过严格的失水治理，一次网失水量从2017—2018供暖期的37.33万t降至2021—2022供暖期的11.59万t，网损指标持续降低，经济效益成效显著（图6-6）。

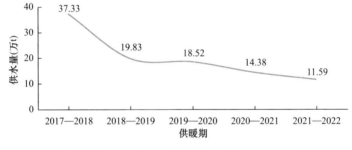

图6-6 2017—2022年一次网失水情况统计图

（2）有针对性地开展"冬病夏治"工作

为降低管网因老化腐蚀而造成的失水、失热，在每年夏季检修期内，根据供暖期内的运行情况以及管网的实际状况，制定合理的改造方案，组织开展老旧管网改造工作，对存在运行隐患和薄弱点的管线进行更新改造。

（3）设法解决停运、检修管网余热回收问题

根据现有一次网布局形式，合理规划部分热网管段投运时

间，并做好切、并网管段及故障停运管段余热回收工作，对于一次网切、并网停运管段，利用管网前后端供回水压差，通过一次网供回水连通阀门，实现停运供水管段高温水余热回收。为减少一次网应急抢修泄水过程中的热量浪费，哈投供热公司提出一次网局部循环降温方法，利用现有热网、热力站设备实施部分改造，可以快速降低故障管段内介质温度，减少热量损失。

（4）对设施及管道保温及时维护更新

常态化进行一次网、二次网、热力站设施及管道保温完善工作，定期对生产现场所有设备保温区域进行全面排查，对保温缺失的管道与设备及时进行修复，对于无法及时修复的水浸管道等特殊情况，应先行消除水浸再保温或采用新型防水保温材料替代。此外，哈投供热公司积极推进模块化保温方式，使保温层可循环多次使用，满足设备维修、拆卸需要，减少运行维护成本。

（5）建立能耗数据统计分析体系，及时调整供热运行策略

哈投供热公司明确了企业生产指导重点监测数据指标，规定统计流程、设计统计样表、统一计算方法。供暖期每周召开生产例会，通报近期及供暖期累计各重点生产指标情况，并且哈投供热公司还针对热力站建设年限、用户性质、供热形式、建筑节能改造情况进行分类，通过热力站间的横向、纵向对比，使各生产部门对其运行水平有了更充分的了解。通过定期召开

能耗专题分析会，各生产运营部根据实际供热生产运行情况分析所属热力站重点生产指标变化原因，及时调整供热运行策略。

（6）做好供热计量工作

为确保统计分析过程中数据的准确性，重点从以下两个方面开展工作：一是加强计量设备安装施工管理，严格执行相关安装规范；建立健全计量设备相关管理制度，定期对计量设备进行检查、维护；二是增强数据检测人员的责任心，减少人为因素造成的数据失真。

在多年来的不懈努力下，哈投供热公司在节能领域取得了一些经验和成绩。未来，哈投供热公司将继续在中国城镇供热协会的支持、引领下，吸纳广大供热行业先进企业的宝贵经验，坚持对标学习，不断改革创新，通过技术、业务和产业的优化融合，实现高效节能、低碳环保、以人为本的智慧化供热的工作目标，为供热行业的高水平、可持续发展贡献智慧和力量。

6.1.3　锦州热力（集团）有限公司加强管理优化运行的先进经验

锦州热力（集团）有限公司（以下简称锦州热力）为国有控股公司，成立伊始就确立了"服务民生、聚焦供热"的核心工作主旨，践行"用心供暖、精心服务"的企业精神。2021—2022 供暖季，锦州热力生产能耗比上一年度降低 10%、用户投诉率降低 21.3%，超额完成预定目标，群众满意度和企业核心竞争力均得到较大提升，取得良好的社会效益与经济效益。

1. 因地制宜强化技改，降低运行成本

技术管理部门针对上一供暖季供暖期间供热安全、供热质量和能耗指标等方面存在的问题或不足，进行基础数据分析，形成技术研究报告，根据实际情况综合制定技改方案和运行调整方案，并纳入新的供暖季指标考核体系，以检验成效。

（1）以集团整体节能方案引领分、子公司技改方向

由于供热优化运行是一个系统工作，涉及供热的全过程，因此结合历年供热总结和能耗，分析存在的问题，制定热网整体优化运行方案和节能降耗的综合措施，作为总体纲领和工作思路。各子公司和供热分公司根据实际运行中参数偏差和能耗指标情况分解并形成各自切实可行的节能措施，作为大修技改方向并形成具体技改方案，确保技改方案执行后可取得预见成效，做到了投入的技改费用真正产生社会效益和经济效益。经过采取加大供热运行失水治理力度等技改措施，锦州热力二次网水耗下降 $6kg/m^2$，极大地节约了补水量增加带来的补水费用、电耗费用、热损失费用和住户不热补偿费用。

（2）以全面降低热量输送成本为目的进行热力站运行改造

在保证用户供热质量稳步提高的基础上，降低热网系统输送成本是供热运行取得效益的重要方面，有效降低热网阻力是优化运行和节约输送电能的关键。

在运行期间技术管理部门根据数据分析确定热网和热力站阻力集中区域，确定减阻技改方案，对消耗压头较高的热力站

分别采取站内外供热管道扩径、取消循环泵出口逆止阀、板式换热器加装旁通管混水供热等具体措施。经供暖期实际运行总结，站内阻力过高的 46 座热力站逐步达到工艺运行参数优良水平，锦州热力总体供热平均电耗由 2020—2021 供暖季的 $0.96kWh/m^2$ 降低至 2021—2022 供暖季的 $0.76kWh/m^2$，极大地节约了热网输送电耗、降低了供热成本。

（3）优化运行参数，合理调配循环泵

随着二次网和热力站内减阻措施的应用，以及二次网流量平衡调整后管网特性曲线的变化，站内循环泵的实际运行工况也发生很大变化。因此，水泵除采用变频器调整运行参数外，还需要按照优化运行后的参数重新核算。为充分利用备用设备，锦州热力统筹调换部分泵站多台循环泵，经过优化运行调整，不仅满足供热需求也节约了大量设备投资。技改后的热力站循环泵运行扬程平均下降 $3mH_2O$，节省了供热电耗。

2. 强化基层技术培训，全面实施供热优化运行

明确了提高用户满意度和促进节能降耗取得成效的工作核心，接下来就是全面推进供热优化运行，全面贯彻向运行要效益的思路。

（1）开展技术和运行培训，提升运行管理水平

根据热网实际运行情况，生产部门开展供热基础知识、供热检修运行规程、热网优化运行调节、热网节能降耗综合措施以及供暖季总体运行方案的培训和技术交流，并建设了实验台

加装可视流量变化的流量计，让运行人员直观地了解各种类型阀门的有效调节区间等，深入培训取得显著效果。生产技术管理部、基层专业技术骨干的优化运行理念和具体措施应用水平得到较大提高，形成了"节能为荣、浪费为耻"的良好氛围。

（2）制定供热运行方案和应急运行预案

由于热源的多样性和热网不断发展变化，每个供暖季热网都有不同程度的变化。这就要求技术部门要根据热网不同供热阶段热负荷需求、不同热源的供热能力及运行经济性，明确总体运行方案，以优化热网的运行方案。同时，要提前编制不同热源和机组出现各种故障情况下的应急运行方案，以在不同极端情况下保证热网的安全稳定运行，确保用户供热质量和稳定性不受较大影响。

（3）不断提升热网调度水平

锦州热力供热一次管网共 270km，大型热网特有的水力耦合性、迟滞性、热惰性等特点决定了运行调节的必要性和重要性。供热初期完全依靠全网平衡系统实现所有热力站水力工况自动平衡需要较长的时间，而用户的供热质量会受到影响，因此首先强化供暖初期管网初调节工作。同时，生产技术部门通过建立各小区、各建筑和不同用户室温情况及热耗历史数据的统计分析，对全网平衡进行精细调整；完善自管泵站控制手段；完善热网闭环控制；调整各站一次网电动调节阀控制有效区间等。对控制软件进行了 22 项内容的升级完善，提高控制理念、完善控制策略，使其逐渐满足实际供热需求。经过实践检验，一次网水力失调度由 2020—2021 供暖季的 1.03 降低至 2021—2022 供暖季的 0.96，热网总体平均热耗达到 $0.344GJ/m^2$ 的水平，消除了过量供热，节约能耗的同时用户供热质量和稳定性得以较大提升。

（4）做好二次网平衡调节，消除"冷热不均"问题

由于各子公司二次网建设年代不同、设计理念不同、二次网调节设备各异，导致热力站辖区二次网平衡效果参差不齐，"冷热不均"现象依然不同程度地存在。二次网调节效果直接影响到用户供热效果和能耗水平，也是实现用户满意度和节能降耗两大生产核心任务双提升的重要环节之一。

针对二次网存在的不平衡状态，结合动态平衡设备尚不健全的实际，锦州热力生产管理部门从 2020—2021 供暖季结束就开始着手进行运行人员培训和实操经验推广，并为基层配备手持热成像仪和便携式流量仪，从冷态运行开始就全面开展二次网平衡调整工作。通过一个供暖季的验证，二次网水力失调导致的"冷热不均"现象得以大幅扭转，二次网和站内循环设备联动调整，动力电耗指标大幅降低；同时通过基层细致工作，很多管道隐蔽渗漏、管道堵塞等不易发现的细节问题得以及时发现和改善，解决了供热"最后 1 米"问题。

3. 推进生产指标量化、全面绩效考核，健全闭环管理

在智慧型热网建设未达到自动控制和调整、技术暂时未达到

引领管理水平跃升、未能达到按需精确供热的现阶段，热网数字
化进步为加强管理提供了先进的工具及手段，闭环管理最终效
果的实现取决于偏差目标的迅速纠正，最关键的还是向全面提
升热网生产管理水平要效益。为此，锦州热力按照国企改革三
年行动方案要求推进热网系统全面绩效考核，分别制定各子公
司、各分公司生产量化指标和考核标准，明确工作方向和标准。

（1）健全生产系统层层负责、分级管理的运行管理体系

受热电联产企业历史习惯影响，热网生产系统"重检修轻
运行"的思想比较普遍，但作为供热服务型民生企业，效益提
升恰恰是来源于优化运行。为此，锦州热力健全了总公司—子
公司—供热分公司—供热管理站—网格员的五级运行管理体
系，并将总目标逐级分解到子公司、分公司、管理站直到每个
热力站；各级管理主体明晰管理范围、管理内容和管理指标，
做到各负其责、分级管理、不断纠偏的闭环控制效果。

经过 2021—2022 供暖季的实践检验，随着运行生产管理
体系不断完善、运行管理初步实现网格化、分级管理目标日趋
清晰、过程纠偏时效性有较大提高，为热网科学化、精细化、
规范化建设打下坚实的组织基础，极大促进了集团预定用户投
诉率下降目标的实现和节能降耗效果的提升。

（2）建立绩效考核管理办法，明确各级部门管理目标

生产体系要实现分级管理必然要明晰控制目标、量化偏差
和管理效果，而推进动力则依靠建立热网生产系统绩效考核管

理办法为保障。技术管理部门持续推动热网数字化建设，不断完善供热大数据累积和分析，及时提出指标偏差预警，实现服务和生产闭环管理的不断循环优化。

从 2021—2022 供暖季伊始，各子公司便形成每天生产能耗指标的实时监督预警，每周总公司生产技术部门总结讲评一周纠偏趋势的生产调度例会，每月公司领导主持包括站长以上管理干部的阶段点评和总结改进大会，形成了以问题为导向、直面缺点不足、奖优罚劣的良好氛围，达到了让具体管理者和责任人红脸出汗的效果，极大提高管理力度和纠偏时效性，2021—2022 供暖季供热动力电耗取得突破性的大幅降低是管理制度优势的集中体现。

（3）建立日报、周报制度，提升管理效果

在智慧供热系统尚不完善的阶段，锦州热力根据各子公司数据积累和分析的不同水平，建立生产运行和能耗指标日报和周报制度，不能实现实时上传的数据建立数据日采集，形成每个热力站和二次网运行及能耗指标量化的大数据，通过热网生产系统实现从总公司到网格员的五级管理体系，按照 TOP10 管理法实现层层负责、层层纠偏、分级管理、量化考核的生产闭环管理模式，强化预警和过程纠偏，督促运行和检修人员提高工作效率和抢修及时率。

4. 聚焦中心任务，持续推进集团智慧供热建设

锦州热力以保证群众满意为出发点和落脚点，着眼全局谋

发展；以问题为导向、以技术引领为动力，持续推进智慧管理平台的建设，实现粗放型向精细型供热方式转变，通过智能、精准、绿色、节能，达到按需供热，最终实现运行管理的科学化、信息化、智能化，以推动高质量发展的总体战略布局。

2021 年主要以提升和完善生产系统数据上传累积，以优化供热全过程的闭环管理需要为重点，不断增加室温采集器覆盖面，健全供热效果反馈大数据、完善各站生产能耗量化数字设备、加速客服生产系统数字化整合，健全生产服务系统闭环管理。同时，以四个小区为试点引入不同控制策略的二次网动态平衡系统试验项目，探索符合公司实际的一次网、二次网联动控制模式，为建立高扩展性、高可用性、高适应性和高可靠性的供热系统打下坚实的技术基础。

以民为本，深耕民生实事，要把为人民对美好生活的向往作为奋斗目标，不断为民生幸福新画卷增光添彩。作为民生企业，锦州热力将不断推进智慧供热管理平台建设、深入供热服务和生产量化考核、提升企业精细化管理水平，克服能源紧张所带来的供热成本飙升、市场竞争加剧的诸多困难，通过扎实的夏季三修和技改技措，全面提升服务标准和水平，坚决打赢冬季供暖攻坚战，以更优的业绩向党和人民提交满意的答卷！

6.1.4 吉林省春城热力股份有限公司运用科技手段节能降耗的创新实践

吉林省春城热力股份有限公司（以下简称春城热力）成立

于 2017 年 10 月 23 日，2019 年 10 月 24 日成功在香港联交所 H 股主板上市，是全球首家在港上市的热力企业，截至 2021 年年底，春城热力在长春市的供热面积已达 6179.5 万 m^2，承担着长春市约 50 万户居民及集体用户的供热工作。

春城热力采用互联网＋供热的先进生产模式提高服务水平，打造了目前国内领先的智慧热网系统，建立了数字化、可视化、便捷化的供热运行平台。在热源保障方面，实现多热源联网，使供热生产更安全、更稳定、更环保。先后荣获"2021 中国品牌 500 强""2021 中国品牌日·十大投资价值品牌""中国证券金紫荆奖之十四五最具投资价值上市公司""最佳基建及公共事业公司"荣誉称号。

春城热力始终坚持"创新、引进、适用、高效"的科技理念，将节能降耗作为企业进步和发展的重要措施，通过观念创新、技术创新、管理创新等多种措施促进节能降耗工作。

1. 强化智慧热网建设，实现高效节能智慧供热

春城热力是目前吉林省供热面积最大、服务区域最广的供热企业。春城热力分阶段构建智慧热网系统，经过三次升级改造，使智慧热网系统具备了远程控制、视频巡检、能耗分析、抢险应急、客服管理、评价考核等功能，并实现了全流程智能化调度指挥系统。

（1）增加操控效率，节约人力资源

供热面积增长给供热生产的经济性带来巨大挑战，热源间

的切换和联合运行，工况十分复杂，人工操作时间长，一次大型操作至平稳至少需要一周时间，操控效率的低下造成供热成本居高不下。为提高操控效率，春城热力于 2016 年开始进行智慧供热系统改造，针对多热源联网互备互补、大型复杂管网输配平衡调节、供热安全保障、节能降耗等需求，建设了国内领先的现代化综合型供热管控平台（图 6-7）。平台基于大数据分析进行全网优化调控，实现了供热生产、服务管理等方面质的飞跃。

用智能科技改变传统供热方式，通过智慧供热平台的应用，实现了热力站无人值守以及自动化、智能化的运行调控；对区域内供热参数进行大数据采集、分析，通过全网控制策略

图 6-7　智慧供热节能监控平台展示图

及能耗分析验证全网实现均衡输送、按需供热及优化节能运行（图6-8）。

智慧供热系统的建设，实现了供热运行自动化、智能化，保障供热运行精准高效，完全取代了旧有的粗放式、低效率的现场人工调节理念，大大减少了人员配置，为公司快速扩张提供了技术支撑及人员布局优化基础。

（2）制定科学的运行方案

在冬季生产运行中，首先通过对历史运行数据挖掘分析，并根据天气预测情况，得出热源未来供水温度和耗热量，从而提出多热源联网互备互补优化方案。在供暖期能够实时监测室

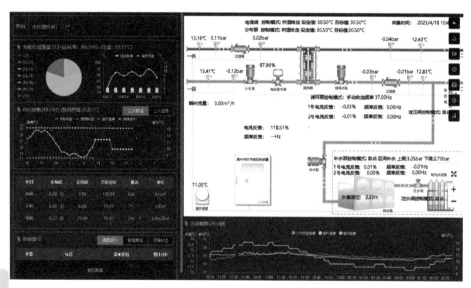

图6-8　供热机组运行调控模块展示图

外天气参数、热源波动幅度、热网输配工况参数等，基于大数据回归分析给出热源动态预测调度方案，指导运行人员对热源互备互补优化运行或启动调峰运行，使热源输出热量既不浪费又能满足供热需求（图 6-9）。

春城热力基于热源、热网、热站和末端的各环节生产运行参数，采用暖通工艺与大数据分析、人工智能算法结合方法，进行源网特性辨识，实现源网匹配。供热运行期间，调度指挥中心时时监视各热源电厂、锅炉房、热网支线、热力站及室温的运行参数，及时对生产运行情况进行分析、管控。根据热网特点，采用了前端热力站使用电动调节阀调控，末端热力站使用分布式泵调控，中间热力站采用泵—阀切换调控的热网自动

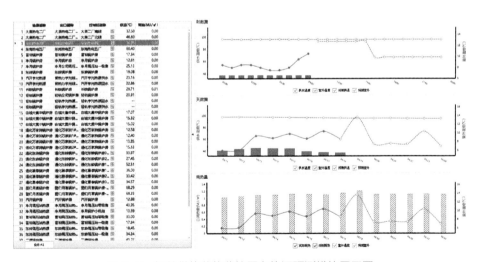

图 6-9　智慧供热节能监控平台热源预测模块展示图

化调控"泵阀混合系统"设计方案，是国内第一个大规模热网采用"泵阀混合系统"的方案。再根据热源的供需匹配程度，制定不同工况下的平衡控制策略，实现热量的适量分配和各热力站之间热量相对均衡。同时，全网平衡控制功能还以各热力站的历史数据为样本，经大数据挖掘回归分析，得出各热力站水力均衡时阀门开度或分布泵频率，形成热源不足工况下全网平衡控制目标参数，指导运行人员进行精准调节。

（3）实现精准的供热质量反馈

热用户室温采集是判断热用户供暖状态的基础，也是实现反馈调控的前提。春城热力建设智慧供热系统，已部署安装了17000多台室温采集装置，根据数据挖掘的优化控制策略，在室温采集点反馈机制下，各热力站自动调节热力站控制策略，形成闭环控制。各热力站按照建筑节能情况不同、供暖方式不同，采用不同的调控目标进行调节，并有区别地进行相应的温度补偿调节。根据室温采集点反馈的室内温度，相应地进行调控规律和滞后时间等因素回归。即在实际运行数据中挖掘该热力站调控策略规律。在智慧供热节能监控平台 GIS 地图中插入热力图，热力站辖区内的所有室温采集点取平均值，并按照温度区间进行划分，以不同颜色进行区分，在热力站供热范围内予以显示，方便生产调度及时查看当天供热效果，并对低温或高温用户进行及时调控，达到均衡供热的目的。

2. 推进技术进步项目，提高企业科技创新能力

（1）实施锅炉余热回收、低氮燃烧和超低排放技术

锅炉尾部烟气余热回收利用"气—水换热"原理，采用低温高效省煤器对烟气中的热量进行回收，回收的热量用来加热锅炉回水，提高锅炉回水温度，降低排烟温度，减少排烟热损失，提高锅炉效率；低氮燃烧技术采用烟气再循环工艺，从锅炉的尾部烟道抽取一部分烟气，经过烟道调节系统与一次风混合后进入炉内，抑制氮氧化物的生成，降低氮氧化物的排放，同时配合自动燃烧控制，过程采用 DCS 控制系统，实时跟踪锅炉负荷，以及炉膛内的风煤比、氧含量、燃烧温度等，合理计算各项参数，减少由人工操作导致的能源浪费，提高锅炉效率，同时可稳定脱硝环境，保证氮氧化物达标排放（图 6-10）。将脱硫除尘、烟气在线等数据上传至中心控制室，使运行人员对加药数据、污染物排放数据一目了然。该项目实施后，可以提高锅炉效率不小于 7%（余热回收不小于 3%，燃烧优化不小于 4%），脱硝率不小于 10%，节约运行成本并提升管理水平。

（2）循环泵节能改造

春城热力在公司内部选定热力站进行循环泵节能试点实验。试点取得成效后，选取 55 个热力站，在 71 套机组上实施了循环泵节能改造（图 6-11），涉及供热面积 400 万 m^2，投资金额 230 余万元。实现节电 20%～50%。

图 6-10　锅炉燃烧系统图

图 6-11　循环泵节能改造图

（3）应用阴极保护技术提高管道设计使用寿命

由于上游热电厂供热主管道存在管线距离较长、管径较大，经过区域复杂，涉及交流、直流、杂散电流等问题，容易造成管网腐蚀，降低管网寿命。春城热力在热电厂供热主管道安装阴极保护设备，管网总长度约 122km，管道种类有 $DN800\sim DN1200$，投资金额 450 余万元。智能电位采集系统用于检测管道加电保护通电电位、断电电位、自然电位、交流干扰电压等参数，并将检测的参数上传至加电保护在线监控管理平台。系统主要包含下位机阴极保护测试终端（智能电位采集仪）以及上位机腐蚀监测智能化管理平台（图 6-12～图 6-14）。

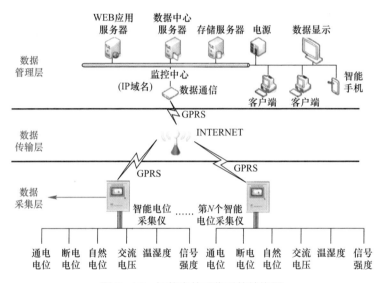

图 6-12 智能电位采集系统结构图

加电保护投产后，通过分析管道通断电电位测量及智能电位采集仪运行情况的记录可以发现，加电保护技术对于管网可以起到很好的保护作用，能遏制热力管道腐蚀造成的穿孔泄漏情况，极大地减少抢险维修次数，保证管道设计使用寿命。对于运行十多年的管道，实施阴极保护后，管道外壁均匀腐蚀速

共15只辅助阳极放入60m深度井中，电缆引至汇流接线箱

辅助阳极井白色管为排气管

图 6-13　阳极井图　　　　　图 6-14　恒电位仪

率可降低到 0.01mm/a，按照局部腐蚀是均匀腐蚀速率的 20 倍计算，将腐蚀穿孔减少 80%，在原有寿命的基础上延寿 7～8 年。智能电位采集系统的投用，可以极大提高企业智能化管道管理水平，可以实现对管道的实时检测，为管道的安全稳定运行及对管道延寿保值保驾护航。

（4）消除冷热不均和过量供热，做好二次网平衡试点工作

春城热力在公司内部选取 12 个小区进行试点改造，涉及面积 170 余万 m²，投资金额 2000 余万元。调节前，楼栋回水温差上下波动在 ±4℃以内，通过平衡调节后，楼栋回水温差上下波动在 ±1℃以内，楼栋回水温度已经基本趋于一致，水力平衡调节初见成效，减少了楼栋过热或过冷现象。水力平衡调节效果明显，供热效果显著提高，投诉率下降，并实现了一定的节能效果。后续又针对用户所处的边、顶、底、孤岛等情

况进行了回温修正，以实现室内温度的平衡。实现远程控制，系统依据回水温度参数，进行二次网热力分配优化，通过用户侧阀（图6-15）、单元侧阀（图6-16）实现整个小区的热力平衡调节，综合节能7%。

图6-15　单户调节阀　　　　　图6-16　单元调节阀

3. 多措并举、精准施策，能耗管控深耕细作

（1）统筹兼顾，层层落实，向管理要效益

春城热力以"增收创利，降本增效"为目标，坚持计划先行，以计划为基础标准，制定指标和重点工作。以专业标准、专项数据，体现计划的科学性，通过总结对标、客观评价，确定年度计划内容及提升重点，包括经营计划、项目计划、专项计划以及提升计划，制订科学合理的上市公司年度综合计划。

强化经济活动分析，提升科学运行水平。通过指标分解、每月调度、进行季度及半年总结等方式，确保计划指标的执行及落实。要求生产单位每月定期进行经济分析，由单位负责人签字后按时上报月度经济分析报告，及时把握成本状况，对本单位指标完成情况进行检查，与其分解计划加以比较，对发生偏差的加以纠正，保证经营目标实现。

各生产单位在保证供热质量、实现优质供热服务目标和节能环保要求的前提下，加强生产运行管理，挖掘设备节能潜力，科学组织供热生产运行工作，努力降低能源消耗量，成立节能降耗联合工作小组，帮助各生产单位协调解决生产实际问题。

（2）冬病夏治，改善节能效果

夏季进行专项工程改造，解决管网腐蚀严重、失水量大的问题；积极与产权单位沟通，加强内网维修，降低失水量；在设备检修期间，加大了重点设备的检修力度，对主要支线和分支线设置截断阀，形成网格化管理，保证运行期外网出现漏点能及时关闭阀门进行抢修，从而降低水耗量。

完善热力站内的热计量仪表、各支线热计量仪表设置，确保各计量数据真实准确。

（3）强化能耗考核

深入挖潜，建立节能降耗长效机制。供暖期实行能源日报、周排名、月分析、年绩效制度，要求生产单位充分利用能源数据，及时纠偏、迅速反应。同时，各职能部门要及时帮助各生产单位梳理、分析能源消耗异常原因，认真查找影响能耗因素，有针对性地进行整改。

提高认识，加大对能源管理的重视程度。能源消耗成本占供热总成本的 60% 以上，要求生产单位压实各项能源指标的月分解、日分解，针对能源消耗水平较高的热力站将能耗指标分解至站级进行管控。为科学合理地控制能源指标，保证公司持续、稳定发展，按照《春城热力能源管理工作方案》加强能源统计及能耗考核工作，促进各单位节能挖潜。加强对基层能耗管理的指导与考核，通过分析会、交流会等形式，树立基层单位的对标意识和看齐意识，确保各项指标单耗能够保持合理下降趋势，将节能降耗意识贯穿生产运行的各个环节，保障节能降耗工作的持续推进。

春城热力始终坚持以"践行国企责任，引领行业发展，真诚服务社会"为神圣使命；秉承"用热传递温暖，用爱改变生活"的服务理念。面对新的历史机遇和挑战，将继续做大国有资本，做好民生福祉，做优供热品牌，让百姓满意、让政府放心，站在新的起点展望未来。我们将继续秉承优良传统，树立新目标、开启新时代、踏上新征程、创造新佳绩，以全新的姿态续写新篇章。

6.1.5 乌鲁木齐华源热力股份有限公司基于城市供热节能降耗管理体系的探索与应用

乌鲁木齐华源热力股份有限公司（以下简称华源热力）成立于 2000 年，是新疆华源控股集团有限公司（以下简称华源集团）的控股子公司。华源热力目前燃气锅炉总装机容量1022MW，电锅炉装机容量80MW，敷设供热管线326.8km，建设热力站158座，目前供暖面积1500万 m²，服务用户10万余户。

华源热力在华源集团战略引领下，秉承"标准、量化、规范、执行"的管理理念及"热到心头，暖到家"的服务理念，在创新创优、技术攻关、科技成果转化等方面成绩突出。华源热力通过技术革新和创新管理提高供热设施效能，建设并创新应用集热网监控、能耗监控分析、设备管理和用户服务调控为一体的管理平台，深入挖掘技术管理潜力，促进供热生产运营全过程精益化，实现供热过程中节能降耗；以安全、节能、高效、智能和用户满意为导向，建设从供热源头到客户的全系统智能热网生态管理体系，实现供热智能化、信息化，精准管控。

1. 建设智慧热网平台，生产运营全过程管控

为了进一步提升供热质量，均衡供暖，加强热能管理，实现单位面积能源消耗及运行成本最小化，自2013年开始华源热力率先建设智慧热网管控平台，结合企业发展实际，将云平台、大数据、人工智能技术与传统供热行业相互结合，实施能源数字化管控，并依托智能调度、智能监控、数据存储分析、视频监控四大功能，实现智慧供热系统从"到站"延伸至"到户"的"可控、可调、可远传"全过程智能化及能源管理闭环系统，从而实现对运行数据更加精确的自动化控制（图 6-17）。

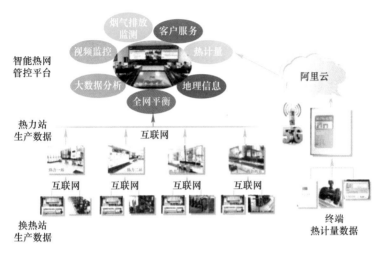

图 6-17　智慧热网管控平台

通过智能热网管控平台实现热源 DCS 系统数据共享和双向交互，实时监控锅炉温度、压力、流量、烟气排放等运行参数，热力站实现 158 座站数据传输监控全覆盖，借助 RS 485、LORA、NB-IoT、4G/5G 网络等通信技术，把小区楼栋供回水温度、流量、用户回水温度以 VPN 点对点采集并传送至云端服务器。

2. 科学制定运行策略，实现精细化管控目标

建立科学高效的工作系统，以制度流程为管控手段，以"四化管理"为机制，精准管控生产成本。一是运行指令清晰化。结合近年历史能耗数据分析，编制"一次网运行参数

表""二次网运行参数表""维保部运行模式表",每日根据室外温度、用户测温及用户服务数据对4座区域锅炉房、10种建筑类型、360个二次网系统下达差异化生产运行指令。二是运行操作可视化。依托智慧热网管控平台,实现运行参数、物耗指标、网络视频实时监控,保障供热质量,降低运行成本。三是校准调整动态化。实时根据用户室温及用户服务数据分析,动态调整热力站720组运行参数,促进流量分配均衡,达到最佳指令要求。四是考评奖惩标准化。依照《生产运行考核办法》《维保部绩效考核方案》对13个生产单位及生产人员进行绩效考核。

3. 源网站户多措并举实现节热减排

(1) 联网集成管理提高能源利用率

华源热力通过构建智慧热网管控平台建立以全面节能为目标,集热网监控、热用户服务调控和能耗监控为一体的集成化供热指挥调度平台,对供热系统内区域锅炉房、一次管网、热力站、二次管网及终端用户整个供热生产过程实施联网集成管理。各供热系统结合不同建筑类别、特性、实时室外温度等因素,通过平台实现数据传输、监控全覆盖和数据共享,做到热源、热网、热力站、用户的闭环管理,提高能源利用率,稳步实施热能高效管控,推动城市供热节能绿色低碳发展(图6-18)。

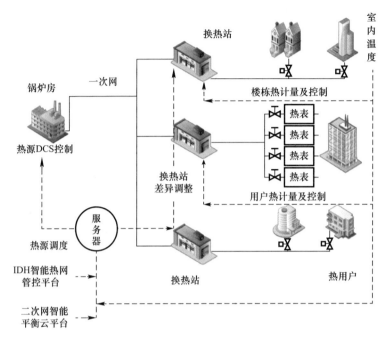

图 6-18　热源－管网－换热站－热用户工艺流程

（2）通过余热回收等手段提高热源热效率

对大型燃气热水锅炉进行烟气余热深度回收节能改造，通过冷凝释放出烟气中饱和水蒸气潜热，在锅炉炉膛尾部烟气加装三级节能器用于热量回收，一级节能器用于加热一次网回水，二级节能器对小区直供的二次回水通过间壁式换热器进行加热，三级节能器对进入锅炉助燃空气经间壁式换热器进行预热，最终将锅炉排烟温度控制在 40℃以下，将燃气锅炉的综合热效率提升至 108.39%（天然气低位发热量以 33.73MJ/m^{3}计算）。燃气锅炉实施 FGR 超低氮燃烧技术改造，2016 年实

现 NO_X 排放指标低于 $60mg/m^3$，降低 NO_X、CO_2 等主要温室气体的排放的同时，对锅炉过剩空气系数精准控制，提高锅炉运行效率。以上举措使得单位供热量燃气消耗量逐年下降，如图 6-19 所示。

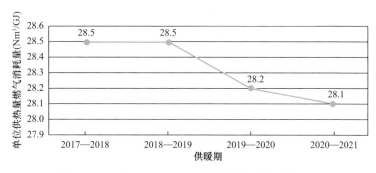

图 6-19　2017—2021 年单位供热量燃气消耗量

（3）通过智能化手段有效降低一次网热损失

一次网是供热系统主动脉，智能调度平台与热源 DCS 系统实现数据共享，调度中心取得所需的数据，同时可发送热源调度信息给 DCS 系统，实现数据共享与双向交互，一次网运行实现自动化控制。

利用地理信息系统加强一次网的运行管理与维护，管网输配热损失呈逐年降低趋势，通过降低一次网回水温度，提升供热系统热量输配效率，使得一次网热损失逐年下降（图 6-20）。

（4）加强热力站和二次网节热管理

在热力站设计阶段，与建设单位、设计单位加强交流沟

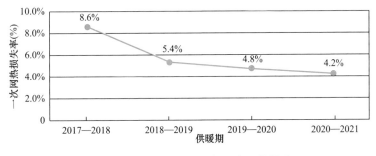

图 6-20　2017—2021 年一次网热损失

　　通，将商业、住宅单独设计用热分区，从而实现商业与住宅的差异化供热。运行调整以二次网供水温度为跟踪目标，回水温度作为用户供热质量判定指标，以自动调节一次网流量为手段，差异化控制各个热力站热量，缩短热力平衡调整周期，提高供热质量。

　　二次网运行效率的提升，重点是降低管网热损失，其分为管网漏水热损失和管网保温热损失，所以必须严控二次网失水量，降低热水损耗，利用楼栋热表对二次网输配热效率进行分析，针对输配效率低下的老旧小区二次网进行改造，要求二次网热损不得大于 5%。

　　（5）加强用户端节热管理

　　根据建筑物用途、节能标准、外墙保温等情况，划分为10 种建筑类型，分别制定各建筑类型热量消耗限额，开展同类建筑对标管理，根据建筑类型采用差异化的运行模式。对楼栋间的水力平衡、热力平衡结合用户室内温度进行动态调整，使楼栋间平衡更加合理、精准。

精准控制用户室内温度是供热系统节能降耗的主要措施，通过室外温度、用户室内温度、二次网供回水温度、流量等参数积累，测算出房屋实际热负荷。在满足系统供热量的同时，通过平衡调节，消除楼栋、用户之间的室温差异。

通过以上手段，抓好源、网、站、户各个环节的节能工作，实现热源单位面积耗热量逐年下降，由 2015 年的 0.405GJ/（m²·a）下降至 2022 年的 0.359GJ/（m²·a），该指标在全国同等规模供热企业中名列前茅（图 6-21）。

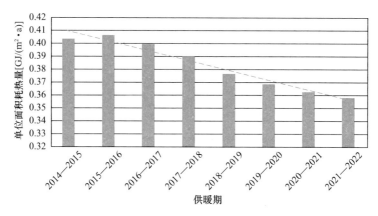

图 6-21 2014—2022 年热源单位面积耗热量

4. 加强运行调节，着力提高能耗管理水平与能源效率

（1）明确管理目标，专项管控水指标

在生产运行过程中，紧抓节水技术创新应用和精细化基础管理，利用智慧热网管控平台严格控制管网用水，健全机防与

人防相结合的节水目标管理考评体系。一是利用智慧热网管控平台远程实时采集与综合分析热网压力等数据，通过 7 大语音预警报警功能及 18 项报警处理流程，严格控制管网用水，由调度人员及时通知相关责任人处理管网失水。二是要求一次网零失水，热力站用水控制在 $5m^3/$ 日以内。同时实行片区负责人制的管理模式，将水耗指标作为绩效考核依据，落实用水指标管理的纠偏措施。三是统一目标，培养专业化维修团队。"防"与"治"两手齐抓，狠抓管网跑冒滴漏，强化管网维护维修。通过各个独立管段压力升降锁定失水区域，并通过实践发明了一种查找管道泄漏的装置。四是发挥二次网智能平衡云平台终端用户管理功能，调度人员结合用户回水温度数据分析楼栋平衡、户间平衡，同时实行片区负责制的能耗管控模式，紧抓楼栋平衡、户间平衡，利用"用户回水温度"差异化分析，及时解决户间冷热不均现象，消除人为放水。

实现热力站单位面积耗水量呈现逐年下降趋势（图 6-22）。

（2）优化管网运行，节电效果显著

集中供热管网中循环泵用电量占整个供热系统用电量的 70% 以上。对于一次网循环泵采取的主要节电措施为：根据运行指令在供热系统分阶段量调节时进行分布式变频调节，实行"大温差、小流量"运行模式，一次网万平方米流量设定为 8t/h 以下，温差控制在 40~45℃。同时通过 IDH 智慧热网管控平台全网平衡功能，使供热系统中的热力站在较短时间内根

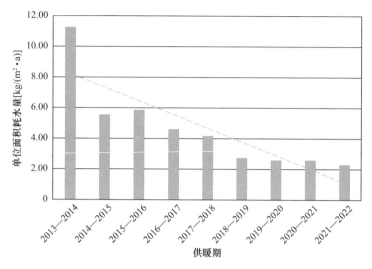

图 6-22　2013—2022 年热力站单位面积耗水量

据设定的指令快速调整一次网循环泵，达到供热平衡，提高劳动生产率。

热力站电耗高的主要原因有管网阻力偏大、二次网水力不平衡、水泵选型不合理等。华源热力主要做法：一是针对水泵设计参数与实际运行工况不匹配造成的电能浪费问题，对现存低效运行的水泵进行内部优化调配，提高循环泵运行效率。二是针对二次网阻力过大的异常热力站系统及时整改，夏季检修期施行"五个百分百检修"，对二次网关断阀、单元阀、楼栋阀、排气阀、用户除污器进行 100% 检修，确保管网畅通，降低运行阻力。三是针对用户之间冷热不均问题，通过运行数据积累，确定辖区内各建筑物实际热负荷，根据实际热负荷确定二次网流量及供回水温度，水暖万平方米循环流量控制在 25～35t/h，地暖万平方米循环流量控制在 30～45t/h，进而提高管网输配效率。通过楼栋电动调节阀及静态调节阀进行水力平衡和热力平衡调整，使二次网水力平衡更加合理、精准。

经过热力站电耗管理上的不断探索和努力，华源热力电耗指标逐年下降（图 6-23）。

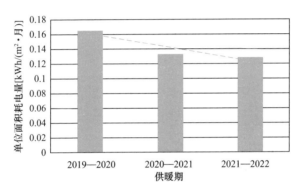

图 6-23　2019—2022 年热力站单位面积耗电量

5. 通过规范管理提高供热服务质量

华源热力秉承"规范化管理、标准化工作、亲情化服务"的理念，结合智慧热网管控体系，利用智能化手段优化服务流程，提升服务标准，健全监督机制，保障安全供热，提升服务质量。

（1）依托网络信息系统，提供统一高效的用户服务

通过智慧用户服务管理平台，实现从用户端到服务端全过程信息化管理，即"用户来电—服务平台受理—维修工手机终端 APP 接单—上门服务—平台信息反馈—客服回访"的闭环

用户服务管理流程。同时，在智慧用户服务管理平台中，实现日、周、月、年的 15 类服务数据统计分析，指导精准供热。

（2）服务靠前，实时掌握用户供热质量

华源热力在供暖期组织定期测温，指导生产指令的动态调整，实现"低保高控"。在测温过程中与用户面对面沟通、交流，不断提升对用户服务的精细化程度，持续开展访民问暖活动，贯彻落实"热到心头，暖到家"的服务理念，提高用户服务体验。

（3）实施安全风险防控管理

为保障供热系统安全稳定运营，华源热力通过严格落实安全生产责任制，实施"643"安全风险防控管理，实现企业安全运营无事故。以"六会"（晨会、周会、经理办公例会、生产调度会、经营分析会、安全生产会）、"四检"（点检、日检、周检、月检）、"三验"（班组验、部门验、公司验）工作制度为依托，夯实安全运行管理基础。

华源热力始终以"为员工做好事，为企业做实事，为社会做益事"的文化理念，在多年的企业管理中不断提升实力。在未来的供热保障工作中，将一如既往地持续做好节能减排工作，通过智慧供热体系的建设牢牢把握供热改革转型的主动权，深入研究节能减排技术，在科技创新上求突破，通过革故鼎新不断开辟未来，为城镇供热、大气污染治理和区域经济社会发展做出更大的努力与贡献。

6.1.6　齐齐哈尔阳光热力集团有限责任公司全力做好节能降耗工作的具体经验

齐齐哈尔阳光热力集团有限责任公司（以下简称阳光热力）是黑龙江省西部地区规模最大的民营股份制供热企业，现有在岗正式员工 1155 人，资产总额近 14 亿元，采用区域锅炉和热电联产两种方式供热，拥有热力站 166 座，全网供热面积达到 2600 多万 m^2，占全市中心城区供热面积的 60% 以上，所辖区域热用户 25.4 万户。多年来，阳光热力不断摸索探求适应时代发展需要的管理运行方式，通过强化运行管理、深挖内部潜力、应用先进技术、提升员工素质、加大考核力度、精选节能设备、改造老旧管网、调节管网平衡、大力治水查漏等一系列行之有效的举措，在舒适供热的同时，实现节能降耗，多项能耗指标均保持较好的水平，其金融街热力站综合指标在全国供热企业标杆热力站中名列前茅。

1. 基本情况

金融街热力站隶属于阳光热力的子公司万达热力公司，该热力站建设于 2016 年，供热面积为 8.88 万 m^2，共安装有 3 套供热系统，分别为高、中、低三个供热分区，低区供热面积为 $56450m^2$，供暖形式为散热器供暖，中、高区供热面积为 $32350m^2$，供暖形式为地板辐射供暖，供热负荷性质低区为商服，中、高区为住宅，热负荷为 5568.79kW，热指标为 33.1W/m^2。按照"服务至上、用户至上"的服务理念，金融街热力站在确保供热安全和供热质量的前提下，深度挖掘节能潜力，将节能降耗工作做实、做细。2020—2021 供暖期累计耗热量单耗为 0.2281GJ/m²，与上个供暖期相比下降 7.4%；累计耗水量单耗为 1.9kg/m²，与上个供暖期相比下降 32.86%；耗电量为 1.65kWh/m²，用户室内温度较为均衡，均为 22～24℃区间。

2. 节能降耗管理经验及具体做法

（1）充分发挥员工节能降耗主观能动性

企业发展以人为本，节能降耗更需充分发挥人的主观能动性。多年来，在内强素质、外树形象、全力提升供热服务质量的同时，阳光热力高度重视能耗控制、科学决策、周密安排，充分调动一切积极因素推动节能降耗工作。在以责任和奉献为核心价值观的阳光文化引领下，金融街热力站全体员工不忘初心、牢记使命、履职尽责、爱岗敬业，以"主人翁"的工作态度和认真负责、精益求精的工作作风扎实做好每项工作，攻坚克难、建言献策，用聪明才智和辛勤劳动为实现节能降耗奠定了坚实的人力基础。

（2）强化管理、深挖潜力

持续提升综合管理水平和员工队伍素质，才能助推节能降耗工作真正产生实际效果。阳光热力科学调整管理机制，理顺各项管理职能，修订完善管理制度，建立健全监督制约，不断强化和细化目标责任考核体系，持续加大日常考核和激励约束的力度，层层明确任务、压实责任，做到人人扛指标、事事有考核、过程有控制、结果有评价，企业综合管理水平显著提升，最大限度地挖掘了管理的效能。同时，加大全员教育培训力度，对业务和管理岗位实行考试考核择优聘用，每年通过技能等级评定促进一线生产岗位员工素质能力再提升，员工队伍整体素质、业务技能水平持续增强，最大限度地激发了人的潜力。

（3）抓住重点、精准施策

节能降耗要明确方向、找准症结、分析问题、堵塞漏洞，牵住耗能重点的"牛鼻子"。阳光热力在每年夏季检修期深入开展"冬病夏治"工作，对上期存在的个别低温现象和管网阀门老化、设备陈旧、跑冒滴漏情况加大问题排查和更新改造力度，全面实施技术改造、外网更新、分户改造、低温楼系统清洗等各项举措。尤其是每年投入大量资金和人力对老旧管网进行更新改造，对老旧小区进行分户控制改造，参与既有建筑外墙保温改造，彻底解决设施老化、系统失调、热损严重等诸多问题，在确保冬季供热稳定运行的同时，大大降低了热量损耗，提高了供热能效。

供热系统大量失水，不但造成水耗成本的增加，同时也增加了热耗、电耗等附加成本。失水主要是热用户放水和管道泄漏导致，为此金融街热力站制定节水计划目标并严格执行奖罚政策，加强节水指标完成情况考核，做好对用户的宣传引导教育，联合公安机关严厉打击私接窃热行为，有效杜绝管网系统跑冒滴漏和用户室内放水情况发生。同时，持续加大管网巡视检修和更新改造力度，引进先进的测量查漏技术，通过采取防漏、查漏、堵漏等系列有效措施，使失水率不断降低并达到了理想水平，从而相应降低了热能的损耗。

（4）通过科技手段和科学管理实现节能降耗

应用"互联网+"的供热管理模式，建立了供热运行智能管理平台，对供热系统进行实时监控、科学调节，尽量分区分片进行细化，逐步完善用户远传测温装置，实时精准采集室温数据。金融街热力站通过远传技术完成水、电、热的远程监控，建立数据库对各种参数和数据进行收集、汇总和分析，对供热管网出现水力失衡情况找出根源并及时调整，根据室外气温条件和用户热负荷需求，确定所需热量和各种设备的运行参数，让供热参数调节更加精细、准确、快速，提升了站内设备的有效利用率，加大了换热器的换热效率，在保障用户室温舒适的基础上，最大限度地降低了能耗。

因高、中、低区负荷性质的不同，金融街热力站依据自控系统，科学合理调配供热参数，将住宅供热系统与商服供热系统分别设定调控，选择合理时间节点，结合不同室外温度，给定不同供热参数，从而达到节能降耗目的（图6-24）。

为解决二次网水力失调、冷热不均的问题，金融街热力站制定管网平衡调节方案，分别于初寒期、高寒期、尾寒期对管

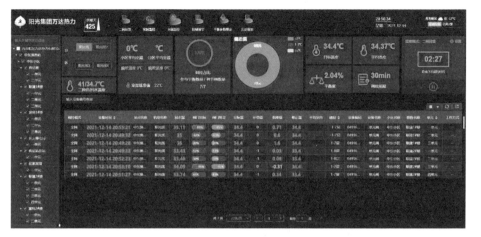

图 6-24　供热运行智能管理平台

网进行反复调节，确保最大限度地消除水平失调及垂直失调问题，并且对各个阶段的调节数据进行详细记录，及时依据数据合理匹配热量及循环水量，不断优化供热参数，让用户室内温度最大限度地趋于平衡。同时，结合深入开展入户测温、访民问暖活动，详细了解并准确掌握用户室温情况，利用自控系统进行全网平衡调节，使供热运行更加安全稳定、生产管理更加精细科学、服务用户更加精准到位，实现了节能高效的供热效果（图 6-25）。

（5）采取多种手段提高系统能效

在二次网改造时选用耐热聚乙烯新型 PE 管材替代原有钢质管材，PE 管材具有耐腐蚀、不结垢、寿命长、阻力小等优势，有效降低了热损失。在循环泵、补水泵的选取上，依据计

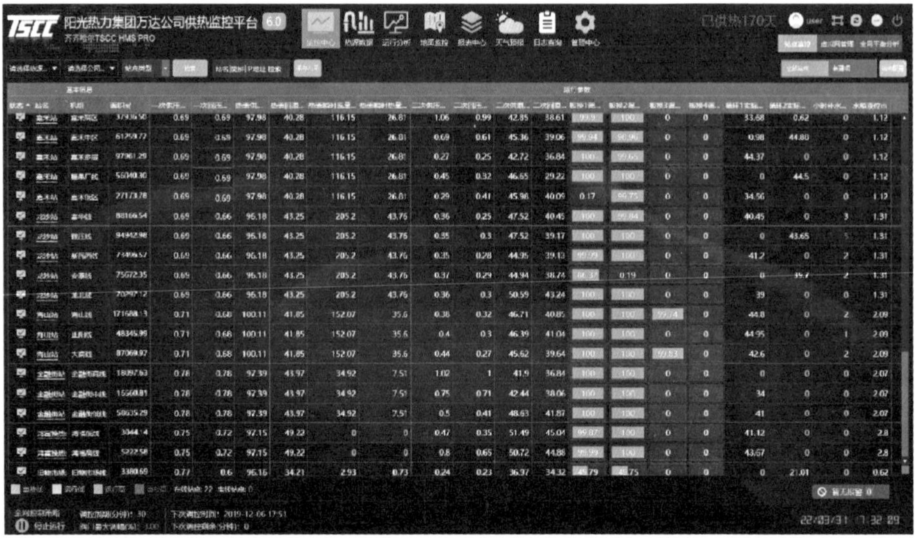

图 6-25　精准调节管网平衡

算的系统流量和扬程参数，选择高效节能、功率较低的型号，配用的电机控制采用变频调速，泵的进出口阀门采用等径闸板阀或球阀，逆止阀采用旋启式，取消止回阀，最大限度减小阻力。一次网流量泵选取小扬程大流量，安装在供水管道上，适合分布式变频及远端不利环路启用。在原有除污器基础上安装旁通，以降低阻力。工艺管线布置尽量减少交叉和弯头，降低阻力损失，同时将泵吸入口前主管道的管径放大。此外，还不断加大对敷设管网及供、换热设备的保温处理，尽可能减少在热能生产、交换和输送过程中发生的热量损失，在节约能源的同时提高了系统运行的经济性和安全性（图 6-26）。

图 6-26　标准化换热站建设

　　供热行业的发展正在迈进快车道，自动化程度在不断提高，综合管理水平在不断提升，供热运行管理越来越趋向科学化、精细化和智慧化。在此关键时期，如何实现供热能源安全、稳定、经济，如何对供热能源实现节约化、精细化管理，始终是供热企业面临的重要课题。阳光热力将继续以"深挖潜力练内功、精细管理降成本"为突破口，紧紧围绕"节能减排、降耗增效"，进一步强化管理意识、加大内控力度、补齐管理短板、推动科技创新，通过各种行之有效的管理措施和科学手段，努力争创新时代节能型优秀企业。

　　6.1.7　赤峰富龙热力有限责任公司采用科技和管理手段促进供热系统能效提升的几点做法

　　赤峰富龙热力有限责任公司（简称富龙热力）成立于 2004 年 11 月，截至 2021 年年底，公司总收费面积 4035 万 m^2，占赤峰市中心城区总供热面积的70%以上，供热主线管网275km，支线管网1227km，热力站400座，热用户32余万户。

富龙热力自成立以来，始终坚持以科技创新为先导，以节能降耗为目标，在供热技术创新、节能降耗方面取得了显著成效，在全国严寒地区同等规模供热企业中综合能耗指标以及单项指标均处于先进行列。其主要做法体现在以下几个方面：

1. 通过有效的管理机制大幅度降低生产成本

富龙热力推行绩效考核制度，将生产、运行、收费、业务、监察等经营指标进行科学合理量化，层层落实到部门、岗位及人员，实行业务量与绩效薪酬相挂钩的激励制度，形成系统、科学、规范的考核体系，建立了有效的激励与约束机制，充分调动了员工的积极性和主动性，并且有监察督查部、数据审核部等职能部门，监事会、纪委、临时核查小组等职能机构进行全方位的监督管理。有效的管理机制使富龙热力大幅降低了生产运行成本，实现了节能增效。

2. 坚持通过科技创新推进节能降耗工作

通过基于热力站工况分析的综合节能改造、热力站高低区分离改造、庭院管网调节设备的应用、分布式输配系统的应用以及热网自动化控制等多方面的技术创新，使富龙热力单位面积热耗及电耗逐年降低，不仅为公司创造了经济效益，也为赤峰市生态环境改善作出了卓越贡献。

（1）基于热力站工况分析的综合节能改造

2011 年开始，富龙热力每年供暖期都组织专业技术人员对热力站运行工况进行分析，测试站内各部件局部阻力损失、循环泵效率、水电热指标，并对数据进行综合统计和分析，对水泵进行合理选型及合理按需匹配，对循环泵效率低的水泵进行调配更换，并制定供暖期分阶段变流量调节曲线，根据不同负荷匹配相应流量；拆除了循环水泵逆止阀并且对管道进行扩径减阻，每年可节省热耗 20%，取得良好的节能效果。基于热力站工况分析的综合节能改造，大幅度降低了运行电耗。

（2）热力站高低区分离改造

对采用"高区直连"系统的热力站，高区支线供水通过加压泵提压后必须经减压装置才能与低区混合，这种先增后减的方式造成了极高的电耗。为此，富龙热力将高低区完全分离，设置单独的循环泵和换热器，设备选型变小，电耗明显降低。

（3）庭院管网调节设备的应用

庭院管网的调节是节能降耗的关键，2015 年富龙热力自主研发了"便携式供热管网水力平衡调节仪"（图 6-27），利用其调节前后水力失调度从 0.85～1.65 不等到 0.97～1.09 不等；电耗从 1.05kWh/（m² · 183 天）到 0.71kWh/（m² · 183 天）。经过更新换代，当前第三代调节设备已达到国内先进水平，每年为富龙热力节省热费约 2000 万元、电费约 400 万元。

图 6-27　调节设备装置图

（4）分布式输配系统的应用

研究发现，分布式输配系统应用在热力站二次网的节能效果十分显著，但其运行中存在各支线间互相影响的情况，为实现各支线之间的解耦，富龙热力将均压罐与分布式变频相结合，提出了分布式输配系统，并于 2018 年 9 月申请专利，于 2019 年 7 月获得实用新型专利，解决了分布式输配系统所存在的问题（图 6-28）。按分布式输配系统及均压罐的方式改造热力站 12 座，总供热面积 172 万 m²，在已经改造完成的热力站中，电耗最低值已经达到了 0.26kWh/（m²·183 天），远低于各类规范及供热行业其他单位的供热电耗。公司投资约 720 万元，按分布式输配系统及均压罐方式改造的站每年节约运行电费 149 万元，同时极大地方便了运行人员的日常运行调节、控制水损。

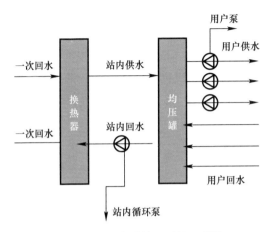

图 6-28　分布式输配系统原理图

3. 通过打造智慧化供热平台实现系统节能运行

1988 年，富龙热力与清华大学合作打造了国内首例将计算机控制应用于城市集中供热的监控系统。随着供热规模的扩大和技术的进步，传统的组态软件已经不能满足供热发展要求。2015 年开始，富龙热力探索智慧化供热平台的搭建，实现了一次网的监控和自动化控制。但赤峰市中心城区热源数量多、类型多、参数不一致，部分管网高差大、管网总体规模大、结构复杂，对热力运行调节的要求高，为满足热网安全、高效、节能运行的要求，提高自动化运行水平，2021 年在原有基础上进行升级，全面打造"时空数据可视化平台"（图 6-29、图 6-30）。该平台可实现八大功能：一是融合热网监控数据、地理信息数据、客服数据、室温监测数据等，实现时空数据可视化；二是建设了包括一次网、二次网、热源、热

力站、小区、楼栋的地理信息模型；三是实现投诉客服信息可
视化呈现，动态反映热用户投诉在时间和空间上的变化，以指
导热网和热力站的调节；四是实现全网平衡自动控制，能够通
过统一的平台进行热力站循环泵的启停及调频控制、补水泵启
停控制、调节阀的开度调节控制等；五是实现全网负荷自动调
节，根据室外气象参数的变化，自动进行热力站供热参数的调
节；六是实现在线水力计算，根据热源、热网运行参数实时计
算全网运行工况，并在时空数据可视化平台中呈现；七是实现
热网控制系统运行数据的可视化呈现，包括热源、热力站及关
键点的运行参数；八是实现统计分析数据的可视化呈现，包括
热力站每日电耗、热耗等。

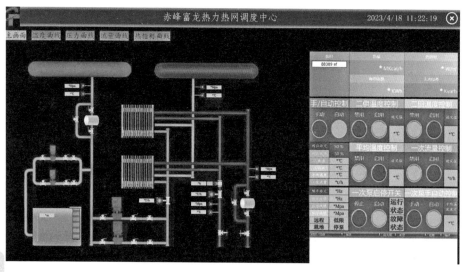

图 6-29　热力站控制界面

图 6-30　热力站自控柜

通过智慧化平台（图 6-31），每年可节约运行成本 2000
余万元，实时的监控、及时自动的调控有效降低了热网运行能
耗，同时缓解了运行人员不足的局面，更重要的是提升了服务
水平，创造了良好的社会效益。

在未来的发展道路上，富龙热力将不忘初心，牢记使命，

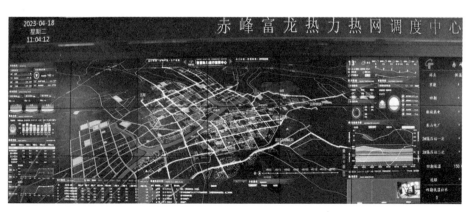

图 6-31　智慧化供热平台

深入推进节能减排及清洁能源应用，以技术创新和管理创新为引领，不断提高企业管理水平和服务水平，为温暖百姓生活、推动赤峰市经济社会发展，引领我国北方供热节能新技术的研发与应用做出更大贡献。

6.1.8　承德热力集团有限责任公司通过智能化升级实现行业能效领跑的经验做法

承德热力集团有限责任公司（以下简称承德热力）始终坚持"创新、引进、适用、高效"的科技理念，通过观念创新、技术创新、管理创新等多种措施促进节能降耗工作，以住房和城乡建设部"供热智能化建设试点城市"为契机，全面推进"数字热力"建设，管理效能大幅提升，系统能耗持续下降，是行业能效领跑企业之一。

1. 科技创新，推进供热全系统智能化升级

承德热力将人工智能、物联网、大数据等信息与通信技术与传统供热行业深度融合，对供热系统源、网、站、户实施了全系统智能化升级改造（图6-32～图6-34）。

（1）热源协调联动、多源互补，实现按需供热

通过实施管网互联互通的升级改造，实现了主城区两座电厂、两座燃煤锅炉四热源联网运行、互为补充，提高了极端天气下或热源故障时的应急保障能力。同时将热源的热量、流量、温度、压力等参数与供热企业及市、县监管平台对接，实现对热源数据的实时监管，建立了"一网统管"的网源协同调

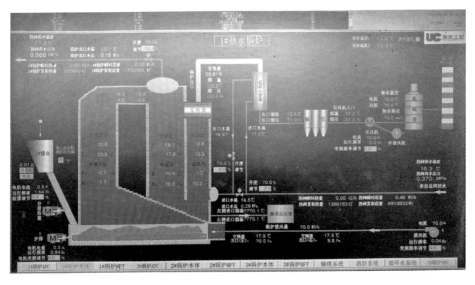

图 6-32　热源 DCS 控制系统界面

图 6-33　热力站智能化升级改造

图 6-34　户端温控面板及调节 APP

度机制，实现了以需定产，按需供热，避免了热源超供、欠供的问题。

（2）管网信息可视化，全面提升管理效能

在对管网进行全面普查、测绘的基础上，承德热力建立了完善的管网地理信息系统，实现了管网信息的可视化。依托 GIS 系统的空间定位、导航等功能，开发建设了巡检管理、调度管理、设备管理、安全管理等信息化管理系统，实现了供热管网运行管理的可视化、数字化目标，管理效能大幅提高。

（3）热力站全面实现智能化自动运行

近年来，承德热力对既有热力站的基础表计、PLC、物联网调节阀等硬件设施进行全面升级改造，建成了完善的热力站SCADA 系统，在数据采集、设备控制、参数调节以及各类信号报警等功能的基础上，实现了热力站在智慧供热管理平台决策指令下自动运行的目标。

（4）户端智能温控，满足用户按需用热、自主调节

在户端建设热计量装置的基础上，安装温控面板、物联网调控阀门、室温采集器、数据集采装置等设施，让热用户能够通过室内温控面板、手机端 APP 自主调节自家的室温，实现按需用热、自主调节、计量缴费，增强了热用户、供热企业双方的节能意识，对热耗的降低起到了积极的促进作用。

2. 打造智慧供热管理平台，实现能耗的精准管控

为进一步提高供热系统智能化水平，实现供热企业的数字化转型升级，承德热力与 IT 企业合作研发了具有自主知识产权的"智慧供热管理平台"，充分利用大数据、物联网、云计算和人工智能等先进技术，实现了从负荷预测到平衡调节和诊断评价的全过程闭环精准管控（图 6-35～图 6-38）。

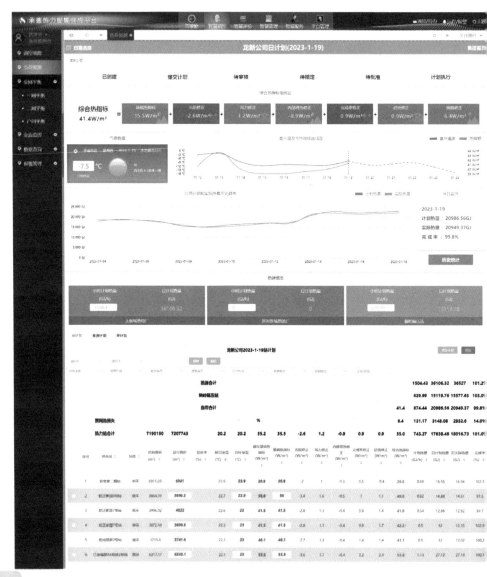

图 6-35　智能负荷预测系统

图 6-36　全网自动平衡调节系统

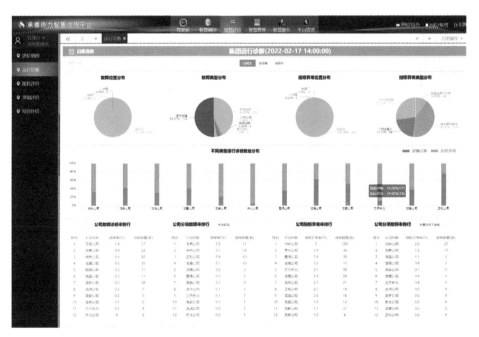

图 6-37　智能诊断系统

图 6-38　智慧评价系统

（1）人工智能负荷预测，实现供热计划的科学精准

要做好能耗的精准管控，日供热计划的科学制定是基础。承德热力以人工智能和大数据分析技术为依托，开发了以用户目标室温为导向的智能负荷预测系统，对历史数据进行回归分析，并充分考虑日照、风力、失水、室温反馈因素修正，以环路为单位精准制定日供热计划。

（2）以热量平衡为目标，实现输送环节的供需平衡

要做好能耗的精准管控，确保输送环节的供需平衡是关

键。承德热力研发建设了基于热量平衡的全网自动平衡调节系统，通过跟踪监测每个热力站的累计供热量，每小时自动与计划值进行对比分析，下达偏差修正指令。实现了全网自动平衡调节和每个热力站的按计划精准供热。

（3）实时诊断评价，实现对能耗结果的动态管控

要做好能耗的精准管控，实时诊断、评价是保障。智慧平台通过智能诊断模块实现对系统故障及能耗异常情况的实时诊断，及时纠错，自动寻优。智慧评价系统通过开展横向、纵向、分系统、分管理单元等多维度的实时能耗对标评价，指导负荷预测系统的参数修正，形成能耗管理的闭环管控。

供热系统的智能化升级和智慧供热管理平台的投入使用，进一步促进了企业的节能降耗工作。2021—2022 供暖期热力站耗热为 $0.285GJ/m^2$，同比降低 6.25%；热力站耗电量为 $0.51kWh/m^2$，同比降低 10.5%；热力站耗水量为 $8.7kg/m^2$，同比降低 20.1%。

3. 强化管理，营造全员节能氛围

管理是节能工作的基础，如何通过管理提高人们的节能意识、促进节能工作的推进是节能管理工作的核心。

（1）制定标准

为指导各单位规范开展节能降耗工作，推进节能管理的标准化，承德热力制定了《入网技术规范》《供热系统设计标准》《设备维护保养标准》《供热系统运行管理标准》《供热系统主

第6章

要能耗指标消耗标准》等一系列企业内部管理标准，并每年修订。从设计、运行管理、能耗控制、检修维护等各个环节指导节能降耗工作的开展。

（2）实时对标

为全面推行能耗对标，承德热力全面推行以热力站为单位的能耗对标管理制度。将热、水、电等消耗指标全面核算到站，以热力站为单位制定计划并进行能耗统计。在运行期内，每日统计发布以热力站为单位的热、水、电单耗指标对标数据，对能耗不达标的热力站进行通报，同时有针对性地制定优化整改措施，逐渐补齐短板。

（3）激励机制

为在集团内部营造比、学、赶、超的节能工作氛围，在运行期内组织开展了班组达标、小指标竞赛等各种节能竞赛活动，营造全员参与的节能工作氛围。同时，将各项能耗指标纳入对各下属单位的资产经营考核指标，实行月度、年度考核，兑现奖惩。

6.2　降低源、网、站能耗指标的具体经验

6.2.1　天津能源投资集团有限公司打造燃煤锅炉高效热源经验

1. 基本情况

（1）建设情况

天津能源投资集团有限公司下属天津市热力有限公司（以

下简称天津热力）是集团 100% 控股企业公司，主要负责热力生产和供应，其旗下华苑热源管理中心，拥有 9 台高效清洁燃煤锅炉，其中有于 2015 年建设的一期 5×58MW 锅炉，和 2019 年由链条锅炉改造的二期 4×58MW 锅炉。一、二期总占地面积 90500m²，总装机容量 522MW。供暖季，锅炉通过调峰首站配合热电厂联合供热，为周边 8 万户居民、政府机关及企事业单位提供安全、稳定、可靠的供热服务，详细供热情况如表 6-1 所示。9 台锅炉全部配备了烟气再循环系统、低氮燃烧器、SCR 和 SNCR 脱硝装置以及脱硫系统，达到了天津市工业锅炉的环保标准。

热源供热情况　　　　　　　　　表 6-1

	供暖面积（m²）	热负荷（MW）	供热量（GJ）
一期 5×58MW	506	240	185
二期 4×58MW	420	194	150
合计	926	434	335

（2）主要技术创新点

1）全国最大的清洁高效燃煤供热基地，有效缓解冬季气源紧张问题，提高供热保障能力。

2）首创煤粉供热锅炉全区域、全流程、全覆盖式防火防爆体系，攻克业内普遍存在的煤粉储供难题，研发煤粉安定储存与稳定供料等多项关键技术，消除安全隐患，提高煤粉储供环节的安全性、稳定性。

3）研究使用中心逆喷空气分级煤粉低氮燃烧技术，有效控制燃料型氮氧化物的产生，进一步在供热行业创新应用布袋除尘、湿电除尘、湿法脱硫和 SCR+SNCR 联合脱硝等烟气联合处理技术，打造燃煤供热锅炉烟气净化超低排放系统，实现煤炭的清洁利用。

4）研发供热锅炉煤粉高效燃烧技术，煤粉燃烬率高达99%，将锅炉尾气余热创新应用于制粉系统，对低品位能源回收利用，解决传统燃煤供热锅炉的低效难题，提高一次能源使用效率，实现燃煤供热锅炉热效率 90.85%，最大限度实现高效、节能。

（3）主要经济技术指标

1）清洁高效煤粉锅炉供热成本约 49.75 元 /GJ，每生产1GJ 热量约比燃气锅炉的成本低 38.9%。

2）利用低品位尾气余热回收利用技术，每个供暖季节省成本约 114 万元。

3）利用煤粉输送保护氮气回收技术，回收氮气率为53%，每个供暖季节电约 116 万 kWh，节省成本约 80 万元。

4）单位供热量标准煤消耗量 37.5kgce/GJ，煤粉燃尽率≥99%，锅炉热效率≥91.2%，粉煤灰可燃物含量≤5%。

5）排烟温度≤45℃。

6）相较于传统燃煤链条供热锅炉，节约标准煤达 25.1%。

（4）锅炉系统

一期锅炉为强制循环散装室燃热水锅炉，双层布置。炉膛采用膜式壁结构，其后设置了燃烬室（转向烟室），保证燃料能够充分燃烧。燃烬室后部设置了尾部高温对流受热面。锅筒内布置大量受热效果较好的螺纹烟管，高温烟气经过换热后温度降到360℃左右进入脱硝装置，进行脱硝处理。处理后的烟气随后进入低温对流受热面继续换热，烟气降低到120℃后经烟道转入除尘和脱硫系统。

二期锅炉为单横锅筒煤粉锅炉。该锅炉水循环系统分为两部分：炉膛部分的自然水循环系统和通道后壁旗式受热面的强制水循环系统。燃料煤粉储存在煤粉塔内，通过一次风机将煤粉塔下方供料器内的煤粉输送至锅炉顶部燃烧器，在燃烧室内引燃，每台锅炉配有两个燃烧器，燃烧器上布置有二次风接口，炉顶燃烧器四角布置有三次风接口，两个燃烧器共布置 8 个三次风接口，煤粉混合一次风、二次风、三次风在锅炉炉膛内分级燃烧，产生的烟气在炉膛内经炉膛底部进入锅炉尾部烟道，在尾部烟道设置了 SNCR 和 SCR 脱硝装置以及省煤器，出口烟气温度降至 129℃，由引风机抽出且经布袋除尘器净化后，进入湿法烟气脱硫系统，再经过湿式电除尘器净化后的洁净烟气由烟囱排入大气。锅炉工艺流程图如图 6-39所示。

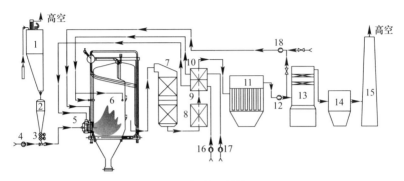

图 6-39　锅炉工艺流程图

1—煤粉储仓；2—煤粉中间仓；3—煤粉供料器；4——次风机；5—煤粉燃烧
器；6—锅炉本体；7—SCR；8—省煤器；9—高温空预器；10—低温空预器；
11—布袋除尘器；12—引风机；13—脱硫塔；14—湿式电除尘器；15—烟囱；
16—内二次风机；17—三次风机；18—外二次风机

2. 高效热源运行经验

（1）运行前期充分准备

一是生产物资储备。按照现场最大储备能力，进行煤、氨水、石灰石等生产物资的采购和储备，并且拓展采购渠道，确保货源稳定供应。二是人员准备。开展运维服务招标，加强运行人员岗位培训，提升全员专业技能水平和应急处置能力。三是应急储备。储备应急物资，制定应急保供预案并加强演练。以上事项为锅炉高效持久运行打下了坚实基础。

（2）运行期精准调控

1）优化煤粉颗粒度，提高燃烧效率。华苑热源管理中心制粉系统配套有两台 60t/h 的立式中速辊磨磨煤机，通过调整磨煤系统入磨温度、研磨压力、分离器频率、风粉匹配、排渣系统再回收等技术方式，提升煤粉产出率及煤粉质量，提高锅炉的煤粉燃烧效率，进而减少能源浪费，实现节约利用、降碳减排。

2）技术创新促燃烧，节能减排增效率。采用高旋流强度强化燃烧抑制 NO_X 生成，同时令飞灰残炭量有效降低（表 6-2）。运用数值模拟预测燃烧效果并结合试验确定风煤比。此外，燃煤系统应用了新型无级配风逆喷式旋流燃技术，即通过在燃烧器中部安装独特回流帽实现回燃逆喷，增加了煤粉在燃烧室中的运行距离，延长燃烧时间，通过多级配风回流扰动，改变空气流动方式和火焰燃烧形状，提高炉膛温度，实现燃料的高效稳定燃烧，提高煤粉燃烧效率至 99% 以上。

不同工况对 NO_X 初始排放值和飞灰残碳量的影响

表 6-2

锅炉负荷（MW）	单侧二次风量（m³/h）	单侧三次风量（m³/h）	单侧四次风量（m³/h）	NO_X 初始排放浓度（mg/m³）	飞灰残碳量（%）
54	15000	1500	8000	345	4.85
54	13500	1500	9500	252	11.66
52	12000	1200	10000	268	16.29
54	13000	700	10000	240	19.55
52	13000	2600	9000	308	8.09
54	12500	3300	9200	280	5.13

（3）优化负荷调控

为稳定低负荷燃烧，在技术和运行上分别进行以下配置。1）针对煤粉供料环节，研制了大容量高固气比无脉动煤粉浓相供料系统，杜绝了因供料不稳定导致的断火和爆燃难题，保证了系统安全运行。2）低负荷时降低煤粉细度，增加燃烧反应面积，提高燃烧速率。

（4）停热期开展"冬病夏治"工作

每年停产期全面梳理上一供暖期煤粉炉运行情况，评估设备状态，开展"冬病夏治"工作，包括锅炉、环保设施、制粉、电气等工艺及附属系统的年度检修保养，确保煤粉炉供热安全稳定。

供暖期结束后，除了常规的维护工作外，针对供暖期出现低效及不合理的系统进行技术改造。成立技改小组，收集运行人员建议和分析设备情况，经过不断重复"设计方案—集体讨论—修改方案"过程，确立技改方案，解决系统性问题或另外建立新的高效系统。以锅炉尾部积灰的问题为例，由于尾部积灰使得排烟温度增高，锅炉效率降低。经过分析积灰位置和成分找到积灰成因——脱硝系统氨逃逸造成硫酸氢铵积灰。通过改造，在相同的排放浓度的情况下，与原来相比液氨的投入量减少了10%左右，降低了氨逃逸，继而减少积灰，避免锅炉烟气温度过高造成效率大幅降低。

此外，天津热力根据自身发展情况和人才培养需求，组建讲师团队，在热源中心建立了联合创新实践基地，构建了职工培养体系。联合创新实践基地包括自建的电气、钳工实训平台，以及按照"产学研"方式与天津职业技术师范大学合作建立了热控、仿真模拟创新实验室，将职工所需的主要操作技能和核心工艺流程浓缩在实践基地中。

3. 结语

在面对我国富煤、贫油、少气的能源结构和"绿水青山就是金山银山"的发展理念，天津市华苑 $9 \times 58MW$ 煤粉炉通过运行前期人与物的充分准备、运行期锅炉的高效运行、停产期的维护和人员培训，实现了供热行业煤炭清洁高效利用，彻底改变了原有燃煤链条炉效率低、能耗高、污染物排放大、环境污染严重的难题，实现了环保排放，热效率与燃气锅炉比肩，实现了节能减排，供热成本大幅低于燃气锅炉，且突破了能源瓶颈，缓解了冬季气源供应紧张局面，为供热行业实现煤炭清洁利用，实现可持续性发展提供了重要的经验。天津热力将始终秉持安全、节能、高效、环保的原则，担负起民生企业保供、保稳定的责任。希望通过自身经验的分享，助力其他供热企业共同高效完成供热事业。

6.2.2　包头市热力（集团）有限责任公司利用工业余热先进经验

1. 基本情况

包头市热力（集团）有限责任公司（以下简称包头热力）

是包头市规模最大的集中供热企业，供热管网覆盖包头市昆都仑区、青山区、东河区、九原区以及稀土高新区，运行热力站387座，共有主干线41条、总长度达126.9km，供热规模达到3700万 m^2，占全市集中供热面积35.8%。连续多年被中国城镇供热协会评为"中国供热行业能效领跑者"单位。

2. 热源构成及运行模式

包头热力使用的集中供热热源为5座热电联产热源，包括包一电厂、包二电厂、华电河西电厂、包钢电厂、包铝自备电厂；两座工业余热热源，包括中节能建筑节能和内蒙古北控热力；两座自备调峰燃气锅炉房：阿东热源厂和青山热源厂。运行模式为划区域多热源联网运行。该运行模式是随着供热规模逐年扩大，热源及热网不断增多形成的格局，是目前最适合的供热模式。

3. 工业余热热源的使用

随着国家环保政策要求的提高，包头热力于2014年引入某公司的工业余热利用项目——包钢低品位工业余热综合利用。2017年引入另一家公司的工业余热利用项目——东方希望包头稀土铝业有限责任公司铝厂低温烟气余热利用项目。项目投产运行后，供热效果总体良好，有力缓解了包头市热源紧张的局面。

（1）包钢低品位工业余热综合利用项目。

该项目回收包钢厂区的低品位余热，用于建筑供暖的余热暖民工程项目。项目规划市政供暖规模不小于 600 万 m^2，同时兼顾新体系和老厂区供暖热力站蒸汽替代。项目秉承总体规划、分期实施的方针，包含两个板块：

1）热电厂凝汽器乏汽余热回收和炼铁厂烧结环冷机烟气余热回收：设计市政供热能力 380 万 m^2，约 188MW，其中回收工业余热约 114MW，同时给包钢厂区内选矿热力站和炼铁热力站供热。项目年回收余热总量 174.7 万 GJ，节煤 7.0 万 tce，减排 CO_2 18.97 万 t，减排 SO_2 598.97t，减排 NO_X 521.7t。

2）高炉水冲渣余热回收：提取 4 号、6 号高炉冲渣水和放散蒸汽的废热，将废热给包钢新体系原料库供暖。提取总热量约 60MW，年回收热量约 83.3 万 GJ，可满足 150 万 m^2 供暖，年可减少燃煤量约 2.03 万 tce，减排 CO_2 5.32 万 t，减排 SO_2 172.646t，减排 NO_X 150.304t。

项目综合采用吸收式热泵技术、低温烟气余热回收技术、系统集成技术、高密度相变蓄热装置、间断性放散蒸汽余热回收储存利用技术和低真空供热技术等，实现了余热梯级回收与集成利用，产生了良好的经济效益和社会效益。项目协助包钢（集团）公司完成了包头市政府下达的河东包钢家属区 40 余座燃煤小锅炉拆除后供暖热源替代任务，被列入当年包头市重点民生工程，被原环境保护部授予"节能减排示范基地"荣誉。

（2）铝厂低温烟气余热利用项目

该项目为工业低温烟气余热利用改造，主要包括烟气换热系统及设备、热网水系统及设备、热网首站设备、热力站设备。"低温烟气余热利用"的工作原理为冬季烟气换热器换出热后进入供暖换热器与热网水进行换热,通过供热首站对外供暖,夏季烟气换热器换出热后进入发电设备换热进行低温发电。

该项目于 2018 年 1 月 27 日主管网热水正式并入包头热力管网,宣告低温烟气余热利用项目试运行成功,2021 年 10 月"低温烟气余热利用"全部投产运行,标志着此项目一期建设完毕。余热利用项目满负荷运行后,烟气余热年回收热量将达到 150 万 GJ。可有效解决东方希望铝厂排烟余热利用问题,年节煤量 3.412 万 tce,年减少排放 CO_2 8.67 万 t,年减少排放烟尘量 81.2t,年减少排放 SO_2 1023.6t,年减少排放灰渣量 2.25 万 t,年折合种植树木 473 万棵,具有显著的经济效益。

4. 工业余热利用工艺流程

（1）包钢低品位工业余热综合利用项目

该项目余热点分布在炼铁厂烧结区、高炉区、焦化区、薄板厂 CSP、热电厂等区域,包括烧结环冷机废气、焦炉烟气、CSP 烟气、高炉冷却软水、高炉冲渣水和热电厂汽轮机组冷却水等放散的余热。根据各项余热点的相关实际运行参数,拟出相应余热回收方案,在通过对工艺方案、场地布置、热量平衡、经济效益等条件和因素的研究以及对比之后,最终筛选出 9 项较为可行的余热回收项目（图 6-40）。该方案运行生水水质较差,检修维护频繁,但换热效果好,设备投资省。

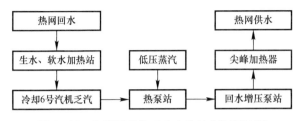

图 6-40　包钢低品位工业余热综合利用流程

（2）铝厂低温烟气余热利用项目

根据铝厂电解槽的分布及排烟情况，全厂共设 9 套烟气换热系统，30 台烟气换热器。各车间每根总烟管设置换热旁路及在原烟道设置紧急切换阀门，每支换热旁路设置进出阀门及 1 台烟气换热器。正常运行时，关闭原烟道上的阀门，烟气经烟气旁路进入烟气换热器加热内循环水，设计温度由 110℃ /125℃降低至 75℃ /85℃，达到余热回收的目的。若出现换热器泄漏等故障时，紧急开启原烟道上的电动阀门，关闭烟气旁路阀门，以保证铝厂的正常工艺流程。

热网循环水系统采用母管制。从热网首站来的热网水经 DN700 母管分别送入铝厂 9 个热力站，经热力站内供暖换热器加热后返回热网首站再供向一次网。热网水总流量约为 2205t/h，设计供 / 回水温度为 84℃ /55℃，设计供 / 回水压力为 1.6MPa/0.3MPa。冬季运行工况下，内循环水经烟气换热器加热至 92℃后进入供暖换热器加热热网水，降温至 63℃后再次经内循环水泵加压后进入烟气换热器吸热。

5. 工业余热热源的运行管理和效益

包头热力在逐年的生产运行中摸索并完善了一套比较实用的工业余热热源运行管理办法，具体措施包括以下几个方面：

（1）余热回收利用工艺及技术先进、可靠，工程投资省，运行费用低，操作管理方便，以确保能源的回收利用率

严格按照相关设计标准规范、要求进行设计。余热回收利用方案与生产工艺密切结合，有针对性地选择适合实际情况的能源利用方案。采取经济性与可靠性并重的设计原则，合理降低工程造价和运行费用，提高工程效益。

（2）优化运行模式，科学布局

生产运行采用调度中心集中控制模式，所有热源单位的供水温度及流量控制均由调度室下达指令，调度室可直接监测并控制调节所有热力站内的供热情况。为使各热源供热量与热用户供热负荷相匹配，最大可能节约能源，调度中心需进行合理的能源调配。每年在生产运行前，科学制定生产运行方案，建立热网模拟仿真及动态计算系统，将各热源供热面积、供热区域进行合理分配，尽最大可能优化热源配置，保证供热质量，节约运行成本。

经过多年摸索，包头热力制定了合理的用户热负荷预测值，并制定了相应的供热温度调节曲线，在保证用户供热质量的同时减少热量浪费。根据天气预测结果，调度中心每日向各热源下达供热温度要求，严格控制热源处供热量，减少能源浪

费。及时合理调度、满足运行要求，保证用户质量。

6. 充分发挥节能热源优势，体现环保效益

包钢低品位工业余热综合利用项目已运行 8 个供暖期，总体运行平稳，供热效果良好，承担 300 万 m² 的供热面积。铝厂低温烟气余热利用项目于 2017—2018 供暖期投产，投产后供热面积逐年增加，最大承担了 240 余万 m²。各供暖期供热量统计如表 6-3 所示。

供暖期供热量（单位：万 GJ）　　表 6-3

供暖期	2014—2015	2015—2016	2016—2017	2017—2018	2018—2019	2019—2020	2020—2021	2021—2022
包钢低品位工业余热综合利用项目	59.58	102.27	121.71	106.52	108.59	107.68	98.18	102.72
铝厂低温烟气余热利用项目	—	—	—	19.56	54.05	52.37	74.58	94.76

余热回收热源的环保效益明显，为"双碳"目标的达成起到积极促进作用。但是余热回收的供热量受热源生产单位产能变化的影响较大，如包钢正常生产情况下可以保证余热回收供热量，但遇到生产订单不足、设备设施消缺等情况就会出现供热量不足；铝业蒸汽量不足也可能会导致严寒期该供热区域内大面积用户长时间不热。为此，包头热力结合集中供热系统管网布局，始终致力于发挥现有多热源联网联合调度的系统优

势，结合系统供热量需求和热源能力状况，灵活实现热电联产热源和工业余热热源的精细化调度，不仅保证了系统的稳定性和安全性，也提高热源的经济性。

6.2.3 太原市热力集团有限责任公司不断提高热网系统输送效率的探索与经验

太原市目前现已形成"一网多源、多能互补"的供热格局，为推动供热发展，太原热力集团有限责任公司（以下简称太原热力）始终坚持"提升能力，精准调节，强化服务，保障供暖"的工作原则，提升精细化管理水平，推动能源高效利用。为有效提升热网输送效率，太原市积极组织推动大温差长输供热项目、建筑节能改造、老旧供热管网改造、"三供一业"改造、大温差联网扩容改造、更新改造等系列供热工程，其中对管网输送效率提高最大的是太古大温差长输供热项目（以下简称太古项目）。

太古项目供热系统通过大温差机组的使用降低了热网回水温度，充分利用电厂余热，提升供热温差，将换热温差由普通的60℃提升至100℃，有效提升了热网输送效率。长输热网回水日平均温度低至32.2℃，大幅减少输送能耗（实测平均耗电输热比为3.7kWh/GJ），并为电厂回收余热创造了条件。

1. 设计中运用了多项先进技术

（1）大温差 + 余热回收技术

太古项目采用多项先进技术，包括：1）热网大温差输送技术。在供热系统末端热力站设置吸收式大温差换热机组，降低市区热网的回水温度，使长输管线的供回水温差达到 95℃，比常规技术输送能力提高 58%，降低了管网投资及输送电耗，将输送成本控制在合理范围内。2）电厂乏汽余热利用技术。热网更低的回水温度为电厂余热回收创造了有利的条件。电厂余热高效利用的热电联产梯级加热系统由凝汽器、热网加热器串联组成，调整汽轮机组排汽压力，使不同背压排汽与抽汽对热网循环水逐级升温，进而实现机组的乏汽余热高效利用，可使热电厂的供热能力大幅提高，其中供暖季回收乏汽余热量为 2461.7 万 GJ，占年总供热量的 70.8%，使购热成本大幅降低。3）多级中继循环泵串联运行。在长输管线的适当位置设置多级中继泵站，将管线压力控制在安全范围内。

（2）预装配绝热支座

首次应用管道及支承件厂内一体化预制保温技术，降低管道支座热桥效应，大大降低长距离输送热损失，达到全程 37.8km 温降不超过 1℃的保温效果。管道支架有固定支架和滑动支架，其中滑动支架数量约占 80%，故该项目大部分支架热桥损失来自滑动支架。滑动支架底板材质采用聚四氟乙烯板，导热系数为 0.27W/（m·K），具有很好的隔热效果，同时管道保温范围覆盖管道支座及支座与支架连接处，可以最大限度地降低热桥损失。固定支架的结构必须保证管道与支架紧密结合，热桥难以避免，可以加大保温范围，把管道支座及支座与支架接触部分加入保温范围，减少热损失。

（3）对保温厚度进行节能经济优化设计

管道保温不仅影响热量损失，而且降低的供水温度会影响大温差换热机组的驱动效果，进一步影响回水温度的降低。因此，选取合适的保温材料及保温层经济厚度不仅要考虑散热损失，还应考虑对回水温度的影响。

目前 *DN*1400 和 *DN*1200 大口径保温管保温层厚度普遍为 60～80mm，对于大口径热力管道，当保温层厚度增加后，对管道三位一体效果影响很大，即保温层厚度不能单纯地增大，还要考虑对管道整体受力的影响。太古项目采用由工作钢管、聚氨酯保温层、聚乙烯外护层三位一体组成的复合保温结构，供水保温层经济厚度为 140mm。

根据以上技术指标，在施工时严格按照技术要求进行，在实际运行时系统一的温降在 1℃左右，满足设计要求，大大降低了热量损失（图 6-41）。

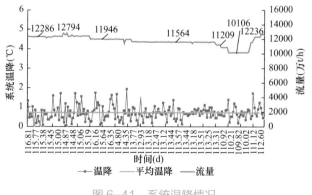

图 6-41　系统温降情况

（4）做好设备及局部构件绝热保温

为减少散热损失，在施工过程中，降低管线附属设备产生的局部热桥损失，做好局部构件绝热保温。隔热管道采用膨胀节，膨胀节外形设计无明显凸起结构，更利于保温，同时设置钢套管外护，外护管内采用聚氨酯发泡保温，既解决了管道热伸长补偿，又解决了补偿器局部绝热问题。设计预制保温固定节代替传统固定节，采用钢套钢结构，外套管和工作管采用筋板传力，聚氨酯发泡保温，外护管与混凝土采用剪力钉传力，兼顾固定节受力和绝热双重性能。设计补偿器保温装置，一次性补偿器采用补偿器专用热熔套，现场发泡保温，解决异形构件的绝热问题。直埋管道中所用的阀门采用工厂预制保温，保护层为高密度聚乙烯，保温层为聚氨酯泡沫塑料，保温效果与直埋管道相同。

（5）采用高效智能电机

太古项目高温网循环泵全部采用高效节能电机，实际运行时大大降低了电耗，提高了运行稳定性。一次网热力站内也在逐年安装高效节能电机，同时更换掉部分老旧电机。

高效智能电机系统采用先进的位置传感器及控制算法，控制精度高、响应快、功率和控制电路良好隔离、抗干扰。坚固的电机本体制造，系统可靠性高；基于多参数控制的多元化控制策略，对工业应用中的特殊要求实现优化控制；完善的保护功能，不仅保护驱动器过压过流及功率器件，更涉及电机本体的温度、振动等；可编程输入输出接点控制及强大的通信控制功能，易于构建复杂控制系统，并实现远程监控。

（6）研发应用联调联控变频控制系统

太古项目高温网采用六级泵联调联控运行的模式，为高效控制循环泵的启停和频率调整，太原热力和同方公司联合开发了高温网 WinCC OA 软件控制系统，该系统可以实现组控和单控功能，组控实现六级泵的同频调整（含电厂泵组），单控实现对单台泵的频率调整，运行时一般采用同频调整的方式。该软件系统还实现了故障连锁控制，根据预设的条件，当系统触发条件后，系统根据不同的条件自动对泵的频率进行调整，最终达到预设的效果。目前已稳定运行 6 个供暖季，大大提高了系统的稳定性和高效性。

2. 不断探索运行管理经验，提高热网输送效率

（1）热网输送能力接近设计值

太古项目利用电厂余热和大温差供热技术，设计电厂的出口温度可以达到130℃ /30℃，经过长距离输送后到达中继能源站，经过隔压换热，出口温度达到 120℃ /25℃。实际运行过程中，随着供热面积的增加，需要的电厂出口温度逐渐提高，2018 年要求温度已经达到118℃，到 2021 年出口温度最高已经达到 120℃，实际运行参数已经接近设计值，110℃以上的高温时段持续时间不断提升，输送热量的能力接近满负荷。随着一次网回水温度的降低，电厂的出口温度还有提升的

空间，但这就要求整个系统更加稳定高效。

（2）采用大温差及换热设备改造进一步降低回水温度

为有效控制回水温度，提高输送效率，太古项目持续推进热力站内大温差及板式换热器改造（图6-42）。截至2022年，866座热力站中，已在411座热力站安装大温差机组，严寒期大温差机组供热面积占总供热面积的61%。持续对热力站内的换热参数不佳的板式换热器进行清洗，有效控制了回水温度。每年还对超温板式换热器、大机组进行清洗或更换。经过不断努力，2021年太古项目的一次网回水平均温度控制在36.53℃，有效提高了热量输送效率（图6-43）。

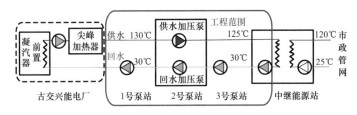

图 6-42　太古长输供热工程换热原理图

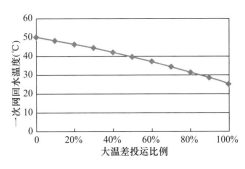

图 6-43　太古项目一次网回水温度

通过对部分热力站的大温差超温及无法正常运行的原因进行分析，积极与厂家沟通，及时对出现故障的大温差机组进行维修。同时，委派设备厂家对大温差进行夏季保养，组织专业技术人员对工作人员进行系统的原理和维修培训，确保大温差系统的安全稳定运行，保证回水温度的高效控制。

（3）采用全网平衡控制软件实现热量平衡

太古项目一次网热力站数量多，涉及的小区种类繁杂，太原热力与同方公司共同开发了全网平衡控制软件。通过录入基本情况，运行调节时软件会根据整体的热量、各个热力站的实际情况调节热力站的参数。这样可以最大限度保障热力站的热量输出，同时使整个热网的热量得到最大化利用，避免出现热量分配不均导致的热量浪费现象。

全网平衡软件目前采用控制二次网温度来调节一次网参数的方式进行，太原热力已经开始在热力站内安装远传能耗表计，在用户家中安装室温采集装置，未来将通过调控热力站热量的方式进行调节，同时参考用户室温进行热量的修正，最大限度地保障热量平衡，减少热量损失。

3. 采用分阶段质量调节相结合方式，科学调度运行

结合长输管线的特点得出适用于太古项目的运行调节方式。在实际运行过程中，太古项目以前置调整为前提，采用质调节与量调节两种方式相互切换进行供暖期内的温度、流量调

节，满足供暖初、末期以及严寒期的供热需求。下面对系统不同时期的运行调节方式进行阐述，并对系统高温网与一次网温度与流量进行计算。

热源兴能电厂升温中，首先利用乏汽余热进行初期加热。

当要求电厂温度达 90℃ 时，启动尖峰加热器。同时，下游热力站适时启动大温差机组，实现市区内的高效换热。该阶段采用量调节方式。

严寒期（高温网供水温度高于 90℃），采用质调节方式进行调节。当温度无法满足供热需求时，通过提升循环流量的方式进行调节。

供暖期末期，为了保证下游一次网大温差机组可以正常运行，高温网供水温度降至 90℃ 时不再下降，之后亦采用量调节的方式进行系统运行调节。其中，一次网流量应满足每万平方米流量大于或等于 $2.5m^3/h$，即一次网流量最低为 $15000m^3/h$。此时，一次网温度下降，无法满足大温差机组启动要求。运行调节图如图 6-44 所示。

严寒期运行时高温网系统最大流量为 28000t/h，一次网最大流量为 27900t/h，板式换热器两侧流量比控制在 1∶1 左右，有效提高了换热效果，系统最大流速为 2.42m/s，平均流速为 2m/s，通过控制合理的流速可以有效避免层流和紊流现象，提高热网输送效率。

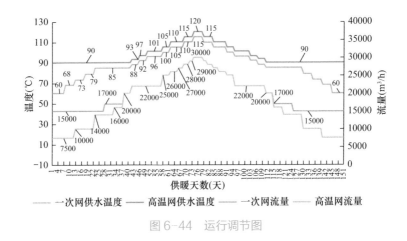

图6-44 运行调节图

4. 采用多热源联网保障热网的安全稳定运行

太古项目设计供热负荷 3484MW，经过隔压换热后，中继能源站向市区的设计供热能力为 3314MW，末端燃气调峰容量为 714MW，向太原市区供热能力达到 4028MW（3506 万 GJ/a），实现最大供热面积 7600 万 m²。

严寒期启动大型调峰热源和部分调峰热力站，解决热源输出能力不足的问题。调峰运行的方式分为并网运行和解列运行两种模式，通过前期的试验和实际运行效果，发现采用先并网运行，待调峰热源输出稳定后再解列运行的方式，可以达到平稳过渡的效果，避免出现调峰热源启动时出现的温度大幅度波动，同时可以保障热网的安全稳定运行，降低热量损失。

5. 结论

太古项目高温网设计和施工时采用了先进的技术工艺，运行时充分借鉴其他热网的经验，实现了热网的高效输配。低海拔一次网由于采用了高效的运行控制方式、成熟的管理体系以及合理的控制系统，最终将热损失控制在 6.4% 左右。未来太原热力将在现有运行管理的基础上采用更加先进的管理方式和设施设备，实现热网系统的安全、稳定、高效运行。

6.2.4　泰安市泰山城区热力有限公司做好热力站节电工作的先进经验

为减少热力站电耗，泰安市泰山城区热力有限公司（以下简称泰山热力）采取了优化热力站设计方案、二次网满水湿保养、加强平衡调节、拉大温差等一系列措施达到节电目的。近 5 个供暖期热力站平均电耗如图 6-45 所示。

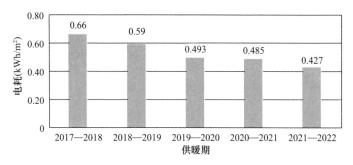

图 6-45　近 5 个供暖期热力站单位面积电耗统计

由图 6-45 可知，电耗呈逐年下降趋势，由 2017—2018 供暖期的 0.66kWh/m^2 降至 2021—2022 供暖期的 0.427kWh/m^2，降幅达 35.3%，年平均降幅 8.8%，节电效果明显。

1. 热力站内优化设计运行措施

热力站中的耗电设备主要有循环水泵、补水泵、电动调节装置、计量仪表及自控相关设备，其中循环水泵是最主要的耗电设备。热力站内优化主要是降低循环水泵耗电量，使水泵在高效区运行。

（1）既有热力站循环水泵调换或更换

原有设计方案中，循环水泵流量、扬程普遍依据热力站所供区域的规划面积进行选型。由于小区用热率普遍位于30%~80%之间，存在的问题是循环水泵选型过大，因此需要正确认识循环水泵实际运行情况，特别是热力站中各设备实际运行时的阻力分布。根据实际运行情况对循环水泵校核后进行调换或更换，从而降低电耗，达到节能的目的。依据校核结果，需要更换的多是功率在55kW及以上（选型过大）的循环水泵，部分水泵可以通过站点之间调换完成，并对部分未加装变频器的老站点加装水泵变频器，实现所有水泵变频运行。

2017—2019年共计调换或更换循环水泵103台，2019年度循环水泵调换或更换前后电耗数据，如表6-4所示。

2019年度循环水泵调换或更换前后电耗数据   表6-4

序号	站点名称	实际供热面积（m²）	功率（kW）		电耗 [kWh/（万 m²·h）]		
			改造前	改造后	改造前	改造后	降低幅度
1	科大机场站	2.1	22	7.5	2.19	1.69	30%
2	建委站	2.9	30	18.5	2.45	2.01	22%

续表

序号	站点名称	实际供热面积（m²）	功率（kW）		电耗 [kWh/（万 m²·h）]		
			改造前	改造后	改造前	改造后	降低幅度
3	四果园站	5.7	45	18.5	2.57	2.09	23%
4	华新家园站	3.0	19	11	1.86	1.35	38%
5	国华时代站	6.4	45	30	2.32	2.1	10%
6	毛纺厂站	16.0	37	22	2.47	2.12	17%

调换或更换后，循环水泵电耗最大降幅为 38%（华新家园站），最小降幅为 10%（国华时代站），降幅普遍位于 15%～30% 之间。

（2）新建热力站优化设计方案

对近几年新建建筑的用热率进行调研，发现新建建筑用热率在 50% 左右，对原有设计中依据循环水泵流量、扬程普遍依据热力站所供区域的规划面积进行选型的方案进行优化，制定了适合本地的循环水泵选型方案。

流量确定原则：一般热力站规模控制在 5 万 m² 以内；若为独立供热系统，对于设计规模大于 3 万 m² 的建筑，按照设计规模的 50% 选型；设计规模小于 3 万 m² 的建筑，按照设计规模的 80% 的选型。若为多套系统，可以加互备连通管，在用热率较低时只运行其中一套系统即可。

对于循环水泵扬程的计算，热力站内阻力、外网阻力以及用户端资用压头常采用估算方法，通常与实际运行数据相差较大。为掌握循环水泵实际运行中各设备阻力损失，通过对13个热力站供暖期实际运行情况进行勘察，明确了热力站内各设备阻力分布。热力站内阻力控制在6mH₂O以内，用户端资用压头取3~4mH₂O，二次网阻力通过水力计算确定。

（3）其他减少二次网阻力的优化措施

1）在循环水泵出口管与供水母管连接处设计适当的引流角，供、回水干管设计考虑流速小于或等于1.5m/s，入、出扩散管小于或等于2.0m/s，优化设计方案如图6-46所示。

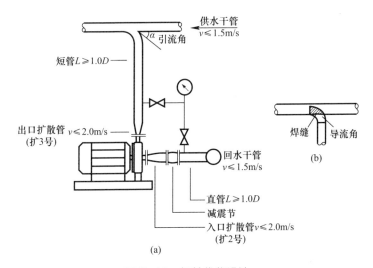

图6-46　相关优化设计

（a）循环水泵安装详图；（b）导流角制作详图

注：1. 导流角采用1.5D热压弯头制作。2. 阴影为割除部分。

2）站内除污器全部选用低阻力型除污器（图6-47），控制除污器阻力小于1mH₂O。

图 6-47　低阻力型除污器

3）减少站内阀门数量。取消水泵进出口关断阀门，取消循环水泵出口止回阀，站内二次网只保留供水出站阀门和回水进站阀门，尽量减少站内阻力。

2. 加强二次网运行维护与调节的措施

（1）非供暖期管网满水湿保养

从 2018 年度非供暖期开始实现系统满水湿保养，利用满水湿保养提前进行漏点查找，降低运行期间管网失水量。既做到了管道的养护，又减少了补水泵工作时间，降低电耗。近 5 个供暖期热力站单位面积月补水量统计如图 6-48 所示。

从图 6-48 的统计结果来看，水耗呈连年下降趋势。经过满水湿保养措施，热力站单位面积月补水量由 2017—2018 供暖期的 4.04kg/（m²·月）将至 2021—2022 供暖期的 1.28kg/（m²·月），降低幅度 68.3%，年均降幅 17.1%。

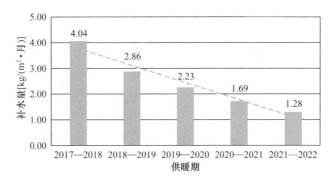

图 6-48　近 5 个供暖期热力站单位面积月补水量统计

（2）加强二次网水力平衡调节

从 2018 年开始，泰山热力先后进行了单元电动平衡阀和

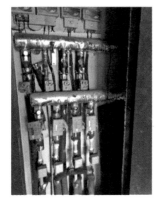

图 6-49　户控阀安装

户控阀的试点（图 6-49），后逐步推广。经统计，截至 2021—2022 供暖期末，共计安装单元电动平衡阀 5032 个，供热面积约 420 万 m²，占总供热面积的 23.9%；共计安装户控阀 6588 个，供热面积约 53 万 m²，占总供热面积约 3.0%，如表 6-5 所示。

单元电动平衡阀、户控阀安装数量统计　　　表 6-5

分公司	单元电动平衡阀		户控阀	
	安装个数（个）	供热面积（m²）	安装个数（个）	供热面积（m²）
供热一分公司	2249	1851689	1314	98609

续表

分公司	单元电动平衡阀		户控阀	
	安装个数（个）	供热面积（m²）	安装个数（个）	供热面积（m²）
供热二分公司	1922	1514958	3680	244532
高铁分公司	861	837726	1594	188150
合计	5032	4204373	6588	531291

对于安装单元电动平衡阀的小区采用基于回水温度相对一致法的调节策略实现二次网均衡供热，同时达到节热、节电目的。

系统实现水力和热力平衡后，循环水泵频率降低，供回水温差增大，电耗降幅为 19.7%（表 6-6）。

水力和热力平衡前后电耗对比　　　表 6-6

供暖期	电耗（kWh/万 m²）	降幅
2017—2018	3.24	19.7%
2018—2019	2.62	

（3）增大二次网供回水温差

通过安装单元电动平衡阀和户控阀或人工调节等措施，在确保二次网水力平衡的情况下，增大供回水温差，减小循环量，降低循环水泵电耗。目前泰山热力均是按照大温差模式运行热力站，散热器系统要求供热初期温差 7℃，严寒期温差 15℃；地暖系统要求供热初期温差 5℃，严寒期温差 10℃。根据室外气温制定每日站点温差目标值，各分公司依据目标值进行调节，表 6-7 是某日二次网供回水温差统计情况。

某日二次网供回水温差统计报表   表6-7

挂片目标温差：10.4℃		<10℃	占比	10～12℃	占比	≥12℃	占比
一分公司	散热器	13	11.8%	84	76.4%	13	11.8%
二分公司	散热器	7	10.8%	50	76.9%	8	12.3%
分公司	散热器	6	9.7%	55	88.7%	1	1.6%
合计		26	11.0%	189	79.7%	22	9.3%
地暖目标温差：7.3℃		<7℃	占比	7～10℃	占比	>10℃	占比
一分公司	地暖	5	8.5%	49	83.1%	5	8.5%
二分公司	地暖	3	5.8%	39	75.0%	10	19.2%
分公司	地暖	0	0.0%	76	96.2%	3	3.8%
合计		8	4.2%	164	86.3%	18	9.5%

由表6-8可知，当日散热器系统目标温差为10.4℃，地暖系统的目标温差为7.3℃，各热力站点以目标温差为调整目标，增大温差，降低循环泵流量。散热器系统温差10℃以上的站点占比89%，地暖系统温差7℃以上的站点占比95.8%。

经验的落实还需要严格的监督，为此泰山热力将进一步把经验制度化、规范化，以保证上述措施取得应有的效果。

6.2.5　牡丹江热电有限公司降低热力站水耗的先进经验

牡丹江热电有限公司（以下简称牡丹江热电）地处黑龙江省东南角，含热电厂、调峰热源及热网，供热面积2700万 m^2，占牡丹江市区供热面积的65%，热力站482个，热用户均为直管到户。热网不设调度，源、网的运行指挥均由电厂进行调度。牡丹江热电始终把集中供热系统中的水当作是人体的血液，认为"失水就是失血"，不仅影响供热的经济性，更是对供热系统的安全稳定有巨大威胁。多年来，降低热力站的耗水量一直是牡丹江热电的重要工作之一，经过多年的不懈努力，供暖期热力站单位面积耗水量指标不断降低，从 2011—2012 供暖期的 $20.85kg/m^2$ 下降至 2021—2022 供暖期的 $4.62kg/m^2$，降幅达 82%，如图 6-50 所示。

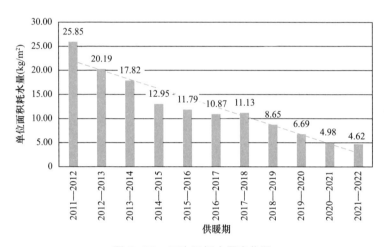

图 6-50　二次网耗水量变化图

1. 技术措施

（1）优化热网水质，减少系统内部腐蚀

基于厂网一体化的优势，热电厂采用热力除氧方式向一次网补入除氧软化水，再通过一补二方式注入二次网及用户散热器。单纯软化水仅降低了水的硬度，对金属的氧腐蚀性甚至要高于原水。经过除氧后，极大地降低了系统的金属腐蚀，延长生产管道寿命。另外，一补二方式的补水向二次网系统中补入的是热水，对用户因不热导致的放水，避免了越放越凉的恶性循环。此外，由于热力除氧降低了水中所有的气体含量，提高了水的循环效率，间接提高热网的平衡，减少不热用户放水情况。

（2）夏季系统带水保压

由于有城市生活热水用户及少量工业蒸汽用户，因此热电厂及热网基本保持全年运行。在非供暖期，由于一次网运行且二次网补水方式均为一补二模式，因此二次网、热力站及用户室内近些年均采取了带水保压的湿保养模式，取得了良好效果。带水保压主要有以下优点：一是减缓腐蚀，改善水力工况。二是一、二次网保压的情况下，夏季可以对出现的漏点及时处理，减少供暖期故障。三是由于一、二次网带水保压，管道破损将产生水的外泄，可以及时发现道路施工及其他管线施工对管网造成的损伤，避免供暖期前注水发现的被动情况。四是楼内及用户系统均带水保压，可以防止楼道内管件（主要是铜件）失窃。

牡丹江热电在2010—2013年进行了小范围的热力站非供暖期保压试验，2014年开始要求所有热力站及二次网带水保压，并且在2016年制订了《保压安全规定》。非供暖期供热系统保压后，每天对热网系统失水进行分析，能够及时发现系统的漏点。近几年非供暖期处理的泄漏统计如表6-8所示。

根据以往经验，供暖初期是热网失水量最大的阶段。非供

非供暖期发现漏点统计表　　　　表 6-8

年度	一次网漏点数量	二次网漏点数量	小计
2013	8	10	18
2014	4	25	29
2015	3	13	16
2016	14	28	42
2017	4	23	27
2018	13	30	43
2019	8	33	41
2020	24	48	72
2021	9	29	38
合计	87	239	326

暖期带水保压对供暖初期失水量下降及热网进入平稳状态的时间均有较大提高，体现在历年供热第一个月的失水量大幅下降，如图 6-51 所示。

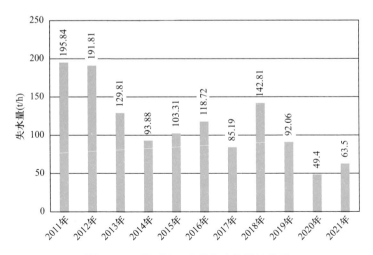

图 6-51　供暖第一个月失水均量柱状图

从图 6-51 中可以看出，在 2012 年以前，供暖期第一个月平均失水在 190t/h 以上，在非供暖期带水保压后，供暖期第一个月的失水量明显下降，最低已经降至 49.4t/h（2020年）。其中在 2018 年供暖热初期失水量有较大增幅是有特殊的原因，主要是新安街、平安街施工造成非供暖期近 1/3 的热网无法运行，一、二次网无法保压，使在供暖初期失水量大幅增加。而 2021 年较 2020 年有所上升，主要是老旧小区改造及华威锅炉房新并网前期失水量较大，造成平均失水量上升。

（3）运行中的降低水耗的措施

在保证供热质量的前提下，提高供热均匀度是减少用户放水的有效手段。用户不热情况下放水取热是供热系统失水的主要原因之一，当供热指标足够的情况下，局部、末端用户失调产生的供热质量不合格，极易导致用户放水。因此，解决系统失调、提高供热质量均匀程度是降低耗水量的前提和保障。

对于隐蔽泄漏的查找，多措并举，尽量利用先进的设备。利用管道听针可对泄漏点附近定位，十多年前利用红外测温枪取得了较好效果，近年经验说明红外成像仪效果更理想。为此，牡丹江热电为一线员工配备红外测温枪 264 件，红外热成像仪 96 件。

一补二系统的补水表均采用世界顶级的超声波表，通过自控系统可以随时调取补水曲线，不但可以及时发现失水情况，更能轻易地分析出是人为放水还是系统泄漏，便于针对情况采取措施。

2. 管理及维护上的措施

（1）通过每日例会对各分公司失水量进行排名

牡丹江热电有个传统的工作例会制度，通过视频会议进行，主要内容是每个科室和二级单位负责人把每天工作情况和存在的问题向班子汇报，同时，由生技处专人演示前一天缴费、客服和水、电、热指标排名情况，由各分公司负责人解答全公司失水总量前十和恶劣失水前十热力站的失水原因和治理情况，给予各分公司、各所领导和管片员工治理失水的工作压力，同时也调动大家查找失水工作积极性。

（2）对水耗常年坚持分析和治理

1）日耗水量分析

由每天视频例会（公司班子成员及各部门主要负责人参加）演示耗失水量和治理情况，根据热力站数较多的情况，摸索出 TOP10 管理法。分析内容如表 6-9～表 6-11 所示，要求各分公司领导说明失水原因及采取的措施。

换热站日失水总量前十排序表　　　表 6-9

序号	分公司	经营所	换热站名称	实供面积（万 m²）	单耗（t/ 万 m²）	失水量（t）	总量上榜次数	恶劣上榜次数
1	东安	牡丹	市政	1.02	8.84	9	2	12
2	东安	五星	清福三期	28.30	0.25	7	69	1
3	东安	柴市	水电大楼	6.81	0.88	6	37	6

续表

序号	分公司	经营所	换热站名称	实供面积（万 m²）	单耗（t/万 m²）	失水量（t）	总量上榜次数	恶劣上榜次数
4	东安	柴市	绿洲康城	17.06	0.35	6	44	
5	东安	牡丹	新型 5 号	3.32	1.21	4	7	7
6	东安	柴市	福民	8.08	0.50	4	18	2
7	西安	平安	铁路二中	15.68	0.32	5	8	1
8	西安	江滨	海浪小区	15.71	0.32	5	22	1
9	江南	六峰湖	江南明珠	14.58	0.34	5	13	
10	江南	七河	东居华庭	21.19	0.24	5	20	

注：1. 各分公司占前十数量：东安，7；西安，2；江南，1。

2. 占各分公司总站数百分比：东安，3.7%；西安，1.0%；江南，1.1%。

换热站日失水性质恶劣程度前十排序表 表 6-10

序号	分公司	经营所	换热站名称	实供面积（万 m²）	单耗（t/万 m²）	失水量（t）	总量上榜次数	恶劣上榜次数
1	东安	牡丹	市政	1.02	8.84	9	2	13
2	东安	牡丹	评剧团	0.59	1.70	1		15
3	东安	牡丹	六建	1.49	1.34	2	1	5
4	东安	柴市	教委综合楼	3.05	1.31	4	2	9
5	东安	柴市	人民银行	1.55	1.29	2		3
6	东安	牡丹	新型 5 号	3.32	1.21	4	7	8
7	东安	牡丹	电业	1.93	1.03	2	6	44
8	西安	景福	粮食局宅	0.62	1.62	1		31
9	西安	景福	工商局	0.81	1.24	1		14
10	西安	南江	西开中	3.31	1.21	4	4	9

注：1. 各分公司占前十数量：东安，7；西安，3；江南，0。

2. 占各分公司总站数百分比：东安，3.7%；西安，1.5%；江南，0。

各分公司二次网水量积分榜　　　表 6-11

项目 单位	失水量 （t/万 m²）		供暖期失水量折合地面水高度 （cm）		累计 （t/万 m²）	累计积分	二次网失水日互比	与最低比较 （计入损失）
	昨日	今日	二次网	一次网+二次网				
东安分公司	0.23	0.26	0.48	0.84	38.65	159	13%	107%
西安分公司	0.47	0.23	0.42	0.78	31.55	274	−51%	100%
江南分公司	0.23	0.23	0.42	0.78	33.11	225	−1%	100%
公司平均	0.31	0.24	0.44	0.80	34.44	累计损失 （万元）		302.76
供暖期最高日人均损失（t/人）	供暖期最低日人均损失（t/人）	供暖期天数（d）	昨日人均排位	供暖期累计人均损失（t/人）	供暖期平均日人均损失（t/人）	去年同期累计人均损失（t/人）	去年同期平均日人均损失（t/人）	比上供暖期增减
60.9	22.3	109	105	4217	38.7	3210	29	31.4%
供暖期人均损失（t/人）		5076	月人均损失 [t/（人·月）]	846	月人均工资（元）	5274	与月工资比	16.0%

2）每周耗水量分析会

各分公司班子组织各供热所分析耗水量和治理情况，分析内容示例如表 6-12 和图 6-52～图 6-54 所示。

2021—2022 供暖期第 26 周 4 月 9—15 日水指标对比

表 6-12

序号	经营所	前 26 周失水量（t/万 m²）		同期比 %	周失水量（t/万 m²）		同期比（%）	上周与本周水量		周环比（%）
		2020年	2021年		2020年第26周	2021年第26周		第25周	第26周	
1	景福	49.39	51.30	3.86	0.90	0.84	−7.00	0.89	0.84	−5.69
2	南江	46.01	38.71	−15.87	1.12	0.52	−54.09	0.64	0.52	−20.00
3	平安	40.80	32.70	−19.86	0.74	0.63	−15.17	0.73	0.63	−13.41
4	江滨	49.14	43.03	−12.42	0.75	0.45	−39.82	0.58	0.45	−23.12
5	西安	46.54	41.54	−10.75	0.86	0.60	−30.71	0.70	0.60	−14.94

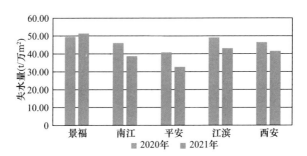

图 6-52　前 26 周累计失水量同期比

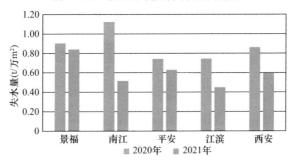

图 6-53　第 26 周失水量同期比

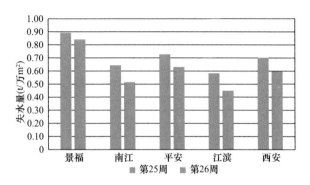

图 6-54　第 26 周与第 25 周周环比

3）供暖期分析

每个供暖期结束后，生技处向全体员工演示汇报公司各项指标完成情况、分公司演示各供热所耗水量情况，并总结经验及进一步整改措施，使全体员工分享治水经验，为下个供暖期的治理打下基础。分析内容示例如图 6-55、图 6-56 所示。

3. 从设计到运行的全过程精细化管理

（1）狠抓管道工程质量

管道工程质量是减少管道外腐蚀，进而减少泄漏的保障，为此牡丹江热电十多年前就制订了热网及热力站设计标准，并每年进行修订。在新并网项目办理手续时，与开发单位签订技术协议，对设计、设备、施工、验收环节做了相应规范。设计单位不仅要有相应设计资质，同时还要熟悉牡丹江热电的设计标准。施工图出图前，必须经供热单位审核通过，方可出正式施工图。

换热站补水量

供暖期	公司		东安分公司		西安分公司		江南分公司	
	平均值 (t/万m²)	与上供暖期对比增减 (%)	平均值 (t/万m²)	与上供暖期对比增减 (%)	平均值 (t/万m²)	与上供暖期对比增减 (%)	平均值 (t/万m²)	与上供暖期对比增减 (%)
21-22	46.2	−7%	55.2	−13%	42.3	−7%	42.9	2%
20-21	49.8	−26%	63.2	−24%	45.7	−26%	42.2	−23%
19-20	66.9	−23%	83.7	−22%	62.0	−23%	54.7	−21%
18-19	86.5	−22%	107.0	−1%	80.8	−29%	69.2	−14%
17-18	111.3	2%	108.5	−6%	113.4	7%	80.2	−22%
16-17	108.7	−8%	115.6	−18%	106.0	−4%	103.0	11%
15-16	117.9	−9%	140.6	−3%	109.9	−9%	93.1	−21%
14-15	129.5		144.9		121.3		118.0	

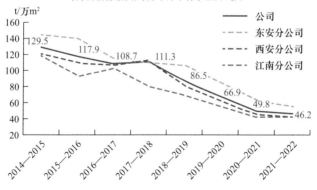

公司换热站每平方米补水量4.62kg，照比上供暖期减少7%。

东安分公司换热站每平方米补水量5.52kg，照比上供暖期减少13%。

西安分公司换热站每平方米补水量4.23kg，照比上供暖期减少7%。

江南分公司换热站每平方米补水量4.29kg，照比上供暖期增加2%。

图6-55　换热站补水量分析示意图

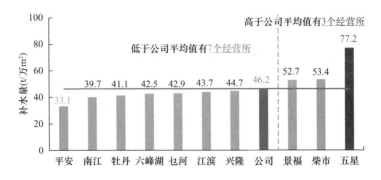

经营所	平安	南江	牡丹	六峰湖	乜河	江滨	兴隆	公司	景福	柴市	五星
经营所平均值(t/万m²)	33.1	39.7	41.1	42.5	42.9	43.7	44.7	46.2	52.7	53.4	77.2
公司平均值(t/万m²)	46.2	46.2	46.2	46.2	46.2	46.2	46.2	46.2	46.2	46.2	46.2
经营所与公司平均值对比(%)	-28%	-14%	-11%	-8%	-7%	-5%	-3%	0%	14%	16%	67%

经营所	平安	南江	牡丹	六峰湖	乜河	江滨	兴隆	公司	景福	柴市	五星
经营所平均值(t/万m²)	33.1	39.7	41.1	42.5	42.9	43.7	44.7	46.2	52.7	53.4	77.2
与经营所最低平均值互比(%)	0%	20%	24%	28%	30%	32%	35%	40%	59%	61%	133%

图 6-56　2021—2022 供暖期各经营所补水量对比图

管道及管件要求采用工厂预制达到国家标准的产品，自 2000 年以来直埋和隐蔽部分管道焊口均要求进行 100% 无损探伤。对于最薄弱的保温接口，制订了严格的企业技术标准以确保质量（图 6-57）。

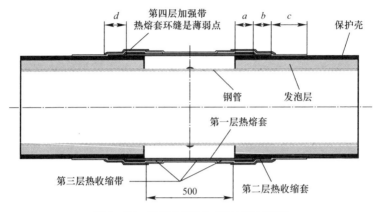

图6-57 直埋保温接口保护管示意图

预制保温管出厂前,由供热单位质检员分别对钢管、保温层、保护层的材质、直径、厚度、精度等数据进行核验,同时,对保温层、保护层进行取样和送检。预制管件到货后进行验收,重点检查保护层接口的焊接质量。

要求必须由具有专业施工资质的单位施工。施工现场有供热单位质检员,每道工序验收合格后,方可进行下道工序。

(2)根据泄漏情况及时更换维修老旧管网

2000年以前地沟内采用光管敷设的很多老旧管道,因各种原因浸泡在污水中,导致腐蚀泄漏。近年通过自筹资金及利用国家老旧管网改造资金,已经全部完成直埋方式的管网改造,取得了良好效果。

同时,根据记录对多年、多次发生泄漏的超年限管网逐年改造,避免供暖期出现问题,降低系统耗水量。

4. 总结

（1）牡丹江热电领导层尤其是一把手重视，并常抓不懈，是生产各项指标得以长期保持的保证。每天的工作例会制度，为耗水量分析、治理搭建了展示平台，促进管理部门的工作，为各分公司及供热所的比、学、赶、帮、超打下了基础。

（2）采用先进的技术是降低耗水量的主要手段，比如采用了除氧软化水的一补二系统，一次网软化除氧水进入用户供暖系统，杜绝发生供暖设施结垢堵塞泄水、冲洗工作，同时避免以前泄水解体板式换热器清洗板片工作。非供暖期保压防腐、提前冷运、静态排气，提前热运蓄热，把运行存在的问题在供暖期开始前解决完成，以减少用户排气放水、不热放水现象。

（3）从设计、施工源头把关，保证系统的安全可靠是减少系统耗水量的基础。

（4）同时，与公安部门、法院建立共建单位，依法处理恶意放水用户；大力宣传供暖系统放水危害，提高公众合法用热意识。

6.2.6　北京市热力集团有限责任公司水质管控及节水管理工作

热水作为热量输送的载体，在供热系统中发挥着至关重要的作用。供热系统水质的好坏直接影响供热系统的安全稳定运行，而供热系统耗水量的高低则是影响供热成本的重要因素之一。

　　一直以来，北京市热力集团有限责任公司（以下简称北京市热力集团）始终把降低水耗作为控制能耗指标的重点，降低水耗同时可以间接降低耗电量和耗热量，有助于降低供热系统整体能耗。近年来，北京市热力集团热力站和独网锅炉房水耗总体情况一直呈现下降趋。如热力站供暖单位面积补水量从 2014 年的 39.52t/（万 m^2·月）下降至 2022 年的 19.09t/（万 m^2·月），下降幅度 51.6%（图 6-58）。

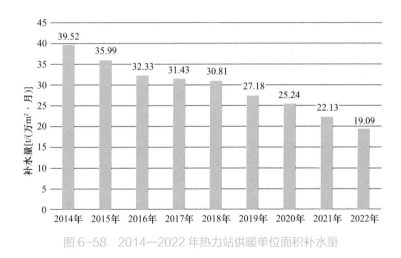

图 6-58　2014—2022 年热力站供暖单位面积补水量

　　独网锅炉房供暖单位面积补水量从 2020 年的 0.018t/（万 m^2·月）下降至 2022 年的 0.011t/（万 m^2·月），下降幅度 38.9%（图 6-59）。

　　北京市热力集团高度重视水质管理与节水管控，采取科学、有效措施，多管齐下，实现水质优化和水耗降低。

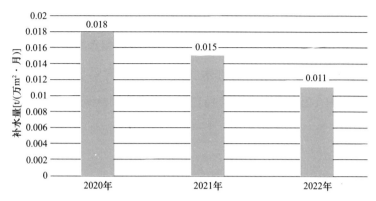

图 6-59 2020—2022 年独网锅炉房供暖单位面积补水量

1. 严控供热系统水质

供热系统复杂且环节诸多，水作为热能介质，水质的优劣与设备使用状态、设备维修、系统运行、能源成本、维修成本之间有着密切的关系，控制好水质可以有效减少管道腐蚀现象。

北京市热力集团是北京市地方标准《供热采暖系统水处理规程》DB11/T 1775-2020 的主要编制单位之一。该标准规定了供热系统水质指标、水质分析方法和频次、水处理方式等内容。在北京市地方标准基础上，北京市热力集团通过制订企业标准，明确了供热系统水质标准，规范了水质检测相关工作流程、标准，并引入在线监测的方法提高了水质管控水平。

（1）制订企业水质标准

在北京市地方标准中水质指标的基础上，北京市热力集团在企业标准中制定了更严格的供热系统水质指标。地方标准中列出了直供水、间供一次水、间供二次水的水质指标，并分别根据补水和循环水列出 pH、总硬度、溶解氧等指标要求。北京市热力集团提高了内部水质指标标准，尤其是循环水溶解氧、pH（25℃）等指标值提高或接近补水指标值（表 6-13）。

水质要求   表 6-13

项目	循环水	补水
pH（25℃）,	9.8 +/-0.2	7~12
总硬度（mmol/L）	≤0.6	≤0.6
溶解氧（mg/L）	≤0.1	≤0.1
悬浮物（mg/L）	≤5	≤5
含油（mg/L）	≤2	≤2

（2）做好系统水质检测

北京市热力集团重视锅炉房和热力站水质检测工作，建立水处理化验制度，明确水质检测工作内容和频次，规范水质检测流程和标准，并通过不定期检查和抽查工作督促专业人员按时按期、保质保量做好相关工作。

通过建立水质数据台账，及时掌握异常水质数据，根据实际情况分析异常数据产生原因，对于管道漏水、板式换热器串水等造成的水质变化做出判断，及时做出相应处理。此外，还通过观察压力表、温度表数值变化分析供热系统补水情况是否超过正常值，及时发现补水量和供热系统压力异常变化，对供热系统失水及时做出反应。

（3）引入水质在线监测

供热系统水质处理方式及处理设备有多种，北京市热力集团基本均有使用或试用经验，通过总结分析各种处理方式及设备的优缺点，在使用中取长补短。如：电磁式水处理方式因为其固有工作原理的原因，作用范围有限且容易受环境干扰而导致除垢效果差异巨大，无法明晰阻垢效果；钠离子树脂交换和添加阻垢药剂处理方式技术较为成熟，但易受设备及人员操作管理的因素直接影响而导致处理效果不佳，仍然需要进行除垢清洗。

北京市热力集团 2015 年开始研究应用水质在线监测技术，采用加药式一体化集成的水质处理设备，除水处理指标必须达标外，还实现了水质实时监测和水质优化调控，产生了水质运行的优质管理效益，解决了水质管理中水质监测时效性、准确性和自动化集中分析中的技术难题。该技术每年可降低热力站"化学清洗"费用 40%～80%，首批试点热力站能耗降低 15%～40%，换热效率提高 20%～50%。该项技术研究还获得 3 项专利、形成了 1 项软件著作，并已在北京市热力集团西城分公司等使用。

2. 提升水耗管控水平

供热系统水耗管控水平是供热运行综合管理水平的体现。北京市热力集团每年投入大量资金进行供热管网改造、减少管网失水量；同时，通过引入各类新技术，提升及时发现、处置管网泄漏的能力。

（1）改造老旧管网

北京市热力集团积极响应北京市相关部门的政策要求，通过加大管网检修和消隐改造力度，尤其是老旧管网的设备设施改造，减少管网漏水。自 2008 年开始实施老旧供热管网及设施改造，累计投入资金 47.24 亿元，改造一次管线 151.13km，二次管线 1408.69km，楼底盘管 1443.4km，热力站 453 座，涉及 984 个小区，建筑面积 6340 万 m^2，消除了供热安全隐患，大大减少了管线"跑、冒、滴、漏"情况。解决了老旧供热管网老化腐蚀泄漏、保温破损脱落带来的安全隐患和供热质量下降问题，同时实现节能降耗。

（2）快速查找漏点

供热管道在地下一旦发生泄漏，不仅造成能源浪费，也会增加发生供热事故的概率。如果未及时发现并合理处置管线漏水，随着时间的推移，管线漏水处及周围区域的温度会逐步升高，更会不断加大处置难度，扩大产生的影响。管网泄漏时快速发现和准确定位是及时采取措施解决问题的前提。

1）温度胶囊在线泄漏监测

温度胶囊一般用于热力小室中，采用两枚传感单元配合使用的安装方式，将两枚传感单元的传感器位置分别置放于集水坑及管道下方 20cm 处，当两处测点形成的温度曲线逐渐重合时，则温度相近，即水位上涨（图 6-60）。在发生微小泄漏时，温度传感器会立即捕捉到这一变化并发送至基站，可以预防管道因漏水泡管造成的腐蚀（图 6-61、表 6-14）。

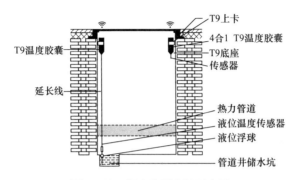

图 6-60　湿度胶囊安装示意图

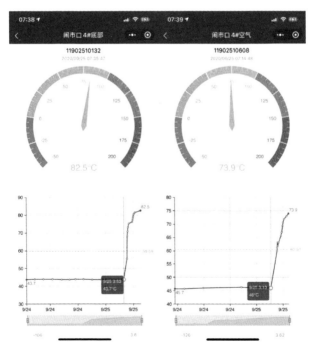

图 6-61　泄漏发生及时报警

温度胶囊设备报警信息表　　　表 6-14

设备名称	报警时间	报警内容
南小营 6 号战户线 T8（10）	2023-2-21	T8 温度. 超上限：10，当前值：10.3，温度升高，请巡检
南小营 6 号战户线 T8（10）	2023-2-20	T8 温度. 超上限：10，当前值：10.9，温度升高，请巡检

采用温度胶囊进行泄漏监测，可以在线监测管网周围环境温度，系统通过数据积累建立管网异常情况分析模型，自主分析判断管网异常情况并及时发出报警信号，对漏点以及异常点进行精确定位，并为制定抢修方案提供数据支持。此外，通过对其温度及积水水位的数据或曲线积累，利用软件算法进行分析，能够找到管线微小的"跑、冒、滴、漏"隐患，尽早发现隐患点。

在实际应用后，温度胶囊设备可有效帮助管网运行人员第一时间掌握泄漏情况。即使有时现场并未发现明显的泄漏现象，但经过现场勘查，胶囊安装位置附近基本都能发现漏点，甚至还能通过温度异常报警信息判断外来水侵蚀管线情况。

目前北京市热力集团已在热力管线 3000 个小室安装超过 4500 只温度胶囊，通过收集一线运行人员关于温度报警信息的反馈，统计得出报警准确率为 92.5%。

2）分布式光纤测温动态监测

分布式光纤测温技术是长距离温度在线监测的有效手段。当光通过光纤传输过程中会产生拉曼散射，根据不同反射光强

度与传输介质结构、传输介质温度的关系，计算出光纤温度
（图 6-62）。同时，由于光在光纤中传播的速度为一常数，通
过测量光束返回的时间，就可以准确定位事故点。分布式光纤
测温可以连续得到沿着探测光缆几十千米的测量信息，误报和
漏报率大大降低。

目前北京市热力集团已在重要管线中安装测温光纤
6.8km，实现了对管线的泄漏精准、实时在线监测，对温度的
异变及时进行预报，能够及时发现和防范隐患，为热力管网大
数据分析提供数据支持。

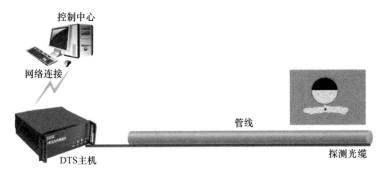

图 6-62 分布式光纤测温原理示意图

（3）快速带压堵漏

供热管道泄漏如造成长时间停供，将对居民用户的工作和
生活造成很大影响，对某些工业用户，则造成一定的经济损
失。因此，北京市热力集团掌握了先进可行的带压堵漏技术，
能在较短时间内完成抢修。一般采用的供热管道带压堵漏技术

主要包括快速捆扎堵漏技术、钢带捆扎压垫堵漏技术、钢质卡箍压垫堵漏技术等。

1）快速捆扎堵漏技术适用于规格≤DN300mm的直管、弯头、异径管、管箍、法兰根部等，适用于工作压力≤1.4MPa、工作温度≤120℃的热网。材料为高强度耐高温塑胶捆扎带。操作方法为用高强度耐高温塑胶捆扎带将泄漏点缠绕密实。

2）钢带捆扎压垫堵漏技术适用于直管、弯头、异径管、法兰根部等，适用于工作压力≤2.0MPa、工作温度≤150℃的热网。材料为专用钢带、耐高温橡胶垫，工具为钢带拉紧器、扳手等。操作方法为将耐高温橡胶垫压于泄漏点，用钢带拉紧器拉紧钢带，把耐高温橡胶垫箍紧。

3）钢质卡箍压垫堵漏技术适用于直管、弯头、异径管等，适用于工作压力≤2.5MPa、工作温度≤150℃的热网。材料为钢质卡箍、耐高温橡胶垫，工具为铁锤、扳手等。操作方法为将耐高温橡胶垫压于泄漏点，然后用钢质卡箍将耐高温橡胶垫箍紧。

（4）减少排放和放水

在供暖初期或者由于系统补水、局部抢修、微渗透、水泵启停、昼夜温差等原因，供热系统内会含有一定的空气和氧气，若不及时排除，常出现气阻、气堵现象。如未能有效防治或及时解决气阻、气堵现象会引起用户家中散热器不热，造成部分用户私自放水，在浪费大量能源的同时，还破坏二次管网系统的水力平衡,造成更大范围内的冷热不均。

北京市热力集团目前常采用自动排气阀和真空脱气机将供热系统中的空气和氧气排出,节热、节电、节水的同时减轻氧腐蚀,使得供热系统长期在良好的条件下运行。

此外,北京市热力集团还注重检修和抢修过程中的水耗控制。检修工作保质保量并按照计划有序开展及完成,减少抢修放水情况。

3. 开展水耗指标分析

北京市热力集团日常工作中注重对锅炉房、热力站能耗指标进行排名,关注严重超标锅炉房、热力站,督促管理人员及时处理。除了对个别热力站的单独管控,北京热力集团还统筹管理方式,将独网锅炉房、热力站按供热半径、建筑围护结构等条件进行网格化对标,根据所供建筑节能等级、供热面积大小划分挡位两项内容对水、电、气、热各项能耗指标进行数据分析。

表 6-15 为某分公司 2022 年热力站水耗指标汇总分析表,列出了所供区域按建筑节能和面积挡位的水耗指标。

某分公司 2022 年热力站水耗指标汇总分析表　表 6-15

热力站补水	供热面积 (m²)	平均值 [t/(万 m²·月)]	最大值 [t/(万 m²·月)]
非节能建筑			
5 万 m² 以下	1265157	18.00	114.07

续表

热力站补水	供热面积 （m²）	平均值 [t/（万 m²·月）]	最大值 [t/（万 m²·月）]
5 万 m² 以上，10 万 m²以下	2269177	20.40	88.08
10 万 m² 以上，15 万 m²以下	1546425	26.23	89.28
15 万 m² 以上	1206187	16.16	51.41
一步节能建筑			
5 万 m² 以下	649737	8.39	24.76
5 万 m² 以上，10 万 m²以下	1439711	8.44	44.31
10 万 m² 以上，15 万 m²以下	457280	14.69	32.25
15 万 m² 以上	252908	2.86	2.86
二步节能建筑			
5 万 m² 以下	592482	5.89	57.71
5 万 m² 以上，10 万 m²以下	700199	8.54	33.82
10 万 m² 以上，15 万 m²以下	900296	21.96	73.95
15 万 m² 以上	984431	9.60	17.34
三步节能建筑			
5 万 m² 以下	504234	4.34	19.30
5 万 m² 以上，10 万 m²以下	1131522	3.52	10.39
10 万 m² 以上，15 万 m²以下	758648	15.06	34.43

续表

热力站补水	供热面积 （m^2）	平均值 [t/（万 m^2 · 月）]	最大值 [t/（万 m^2 · 月）]
15 万 m^2 以上	1704893	18.34	64.27
四步节能建筑			
5 万 m^2 以上，10 万 m^2 以下	50970	2.06	2.06

　　通过网格化数据分析，可以使分公司及中心服务站更全面地了解所管辖锅炉房和热力站按不同分类条件下的能耗情况，进而根据所供区域特点筛选出应该重点关注、优先管控的目标区域。分公司再根据高水耗锅炉房、热力站的实际情况，总结共性问题，进而整体部署节水措施。此外，网格化数据分析更有利于分公司之间、中心服务站之间对标工作，有助于提升公司整体水耗管理水平。

参 考 文 献

［1］ 武娟妮，宋玲玲，王兆苏."十三五"期间北方地区冬季清洁取
暖试点成效评估［J］.环境保护科学，2023，1：10.

［2］ 张建国."十三五"建筑节能低碳发展成效与"十四五"发展路
径研究［J］.中国能源，2021，6：31-38.

［3］ 西南财经大学中国家庭金融调查与研究中心.2019年中国房地产
行业分析报告－市场深度调研就发展趋势研究［R］.2020.

［4］ 李春阳，罗奥，夏建军，王力杰.入住率对供暖计量用户能耗的
影响［J］.区域供热，2020（6）：1-12，32.